中 等 职 业 教 育

数控铣削加工与编程

何坚锋　主编

叶登峰　胡　浩　张克强　副主编

化学工业出版社

·北京·

内 容 简 介

本书将课程内容细分为七个项目，主要包括：数控铣床基本操作、平面与轮廓外形铣削、圆凸台零件铣削、内孔零件铣削、半圆薄壁零件铣削、槽孔凸台零件铣削、鼠标凸模零件铣削。本书是以项目为引领，以任务为驱动的"教学做评一体化"的理实一体化教材，通过设置任务描述、知识链接、任务实施、评价与反馈、任务拓展等环节，以培养学生学习能力为核心，引导学生进行自主性学习。

本书可作为中等职业院校、技工学校数控、模具和机械制造等专业理实一体化课程教材，也可供相关工程技术人员参考使用。

图书在版编目（CIP）数据

数控铣削加工与编程 / 何坚锋主编. -- 北京：化学工业出版社，2025. 7. --（中等职业教育教材）.

ISBN 978-7-122-48137-5

Ⅰ. TG547

中国国家版本馆 CIP 数据核字第 20250QW450 号

责任编辑：杨　琪　葛瑞祎　　　　　文字编辑：宋　旋
责任校对：张茜越　　　　　　　　　装帧设计：张　辉

出版发行：化学工业出版社
　　　　　（北京市东城区青年湖南街 13 号　邮政编码 100011）
印　　装：北京云浩印刷有限责任公司
787mm×1092mm　1/16　印张 10¾　字数 199 千字
2025 年 7 月北京第 1 版第 1 次印刷

购书咨询：010-64518888　　　　　售后服务：010-64518899
网　　址：http://www.cip.com.cn
凡购买本书，如有缺损质量问题，本社销售中心负责调换。

定　　价：35.00 元

前　言

　　在这个科技飞速发展的时代，制造业正经历着前所未有的变革。随着智能制造技术的不断进步和应用，数控加工作为当前智能制造技术的核心部分，正发挥着越来越重要的作用。为适应当前数控铣削编程与加工技术的变化，满足培养本专业岗位技能人才的需求，我们编写了本书。

　　本书注重理论联系实际，强调实用性、系统性和先进性。在内容编排上，我们力求将数控铣削编程的基础知识与实践操作紧密结合，以项目为驱动，引导学生通过完成具体任务来掌握相关知识和技能。全书包含七个工作项目，涵盖从数控铣床的基本操作到复杂零件编程与加工的数控铣工岗位相关的各种知识与技能。各任务设有任务描述、知识链接、任务实施、评价与反馈、任务拓展等内容，旨在帮助学生更好地理解相关知识，掌握相应技能，并能够灵活应用于实际工作中。

　　本书注重培养学生解决问题的能力，通过设置一些贴近生产实际的问题情境，鼓励学生运用所学知识独立思考、积极探索解决方案。这种教学方式有助于提高学生的创新能力和综合素质，使他们成为既具备扎实专业知识又拥有较强动手能力和社会竞争力的应用型人才。本书可作为中职院校、技工学校数控、模具和机械制造等专业理实一体化课程教材。

　　本书由新昌技师学院何坚锋担任主编，新昌技师学院叶登峰、胡浩、张克强担任副主编，参与编写的有泰安技师学院关芮，广州东华职业学院霍书博，中优智能科技有限公司肖勇、欧阳兆升等。感谢所有参与本书编审的老师，同时也要感谢那些给予我们宝贵意见和建议的企业专家，希望本书能成为广大数控铣削技术爱好者及从业者的学习良伴。

编　者

目 录

项目七　鼠标凸模零件铣削　　130

项目一
数控铣床基本操作

知识目标

1. 熟悉车间管理规程及数控铣床操作规程；
2. 了解数控铣床各部分的名称、作用和数控铣床的工作原理；
3. 熟悉 FANUC 系统操作面板按钮及数控铣床控制按钮的名称和作用。

能力目标

1. 掌握校正平口钳操作，能够正确装夹工件；
2. 掌握手动装、卸刀操作；
3. 熟练掌握对刀操作。

【任务描述】

认真学习车间管理规程及数控铣床操作规程；了解数控铣床各部分的名称；熟悉 FANUC 系统操作面板按钮及数控铣床控制按钮的名称和作用；掌握平口钳的找正及正确装夹工作；熟练掌握对刀操作。

【知识链接】

一、数控铣床安全操作规程

引导问题：

为保护操作人员的人身安全和设备安全，维持正常的生产秩序，在操作数控铣床加工产品的过程中要注意哪些问题？

① 操作者必须熟悉机床使用说明书和机床的一般性能、结构，严禁超性能使用。

② 工作前穿戴好个人的劳护用品，长发（男女）职工戴好工作帽，头发压入帽内，切削时关闭防护门，严禁戴手套。

③ 开机前要检查润滑油是否充裕、冷却是否充分，发现不足应及时补充。

④ 开机时先打开数控铣床电器柜上的电器总开关。

⑤ 按下数控铣床控制面板上的"ON"按钮，启动数控系统，等自检完毕后进行数控铣床的强制复位。

⑥ 手动返回数控铣床参考点。先返回＋Z 方向，再返回＋X 和＋Y 方向。

⑦ 手动操作时，在 X、Y 移动前，必须确保 Z 轴处于安全位置，以免撞刀。

⑧ 数控铣床出现报警时，要根据报警号，查找原因，及时解除警报。

⑨ 更换刀具时应注意操作安全。在装入刀具时应将刀柄和刀具擦拭干净。

⑩ 在自动运行程序前，必须认真检查程序，确保程序的正确性。在操作过程中必须集中注意力，谨慎操作。运行过程中，一旦发生问题，及时按下循环暂停按钮或紧急停止按钮。

⑪ 加工完毕后，应把刀架停放在远离工件的换刀位置。

⑫ 实习学生在操作时，旁观的同学禁止按控制面板的任何按钮、旋钮，以免发生意外及事故。

⑬ 严禁任意修改、删除机床参数。

⑭ 生产过程中产生的废机油和切削油，要集中存放到废液标识桶中，倾倒

过程中防止其滴漏到桶外，严禁将废液倒入下水道污染环境。

⑮ 关机前，应使刀具处于安全位置，把工作台上的切屑清理干净，把机床擦拭干净。

⑯ 关机时，先关闭系统电源，再关闭电器总开关。

⑰ 做好机床清扫工作，保持清洁，认真执行交接班手续，填好交接班记录。

阅读上述操作规程，判断下列说法是否正确（正确的打"√"，错误的打"×"）

① 因为操作机床时切屑有可能弄伤手，所以要戴手套操作。　　　　（　　）

② 手动返回参考点时，不用考虑 X、Y、Z 三轴的顺序。　　　　（　　）

③ 调机人员在任何情况下都不可以修改机床相关参数。　　　　（　　）

④ 生产过程中产生的废油可以直接从下水道排放。　　　　（　　）

二、机床组成结构

引导问题：

数控铣床能够高速进行结构复杂、精度要求高的零件的加工，提高了加工效率，保证了加工质量。那么，数控铣床是由哪些部分组成的呢？

数控加工中心结构如图 1-1 所示，数控铣床结构如图 1-2 所示。

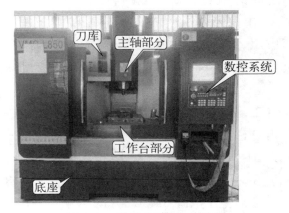

图 1-1　数控加工中心结构

数控铣床由床身、数控系统、主轴传动系统、进给伺服系统、冷却润滑系统五大部分组成。

① 床身：数控铣床上用于支承和连接若干部件，并带有导轨的基础零件。

② 数控系统：是数控机床的核心，它接收输入装置送来的脉冲信号，经过数控装置的系统软件或逻辑电路进行编译、运算和逻辑处理后，输出各种信号和指令控制机床的各个部分，进行规定的、有序的动作。

③ 主轴传动系统：用于装夹刀具并带动刀具旋转，主轴转速范围和输出扭

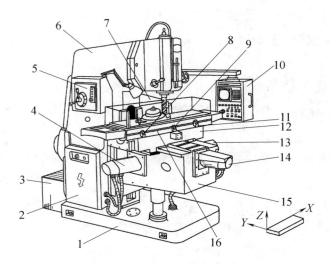

图 1-2　数控铣床结构示意图

1—底座；2—强电柜；3—稳压电源箱；4—垂直升降（Z 轴）进给伺服电动机；5—主轴变速手柄和按钮板；

6—床身；7—数控柜；8，11—保护开关（控制纵向行程硬限位）；9—挡铁（用于纵向参考点设定）；

10—数控系统；12—横向溜板；13—横向（X 轴）进给伺服电动机；14—纵向

（Y 轴）进给伺服电动机；15—升降台；16—工作台

矩对加工有直接的影响。

④ 进给伺服系统：由进给电机和进给执行机构组成，按照程序设定的进给速度实现刀具和工件之间的相对运动，包括直线进给运动和旋转运动。

⑤ 冷却润滑系统：在机床整机中占有十分重要的位置，它不仅具有润滑作用，而且还具有冷却作用，以减小机床热变形对加工精度的影响。润滑系统的设计、调试和维修保养，对于保证机床加工精度、延长机床使用寿命等都具有十分重要的意义。

仔细观察学校实习工场的数控铣床，与图 1-2 的数控铣床结构图对比，找出相对应的结构（在相应栏目打"√"）

1. 床身（　）　　2. 工作台（　）　　3. 防护门（　）　　4. 操作系统（　）

5. 冷却油箱（　）6. 主轴（　）　　7. 强电柜（　）　　8. 总开关（　）

9. 润滑油箱（　）　　10. 稳压电源（　）　　11. 手轮（　）　　12. 急停开关（　）

【任务实施】　机床的基本操作

引导问题：

数控铣床是采用数控系统、伺服系统、传动系统共同配合来完成操作加工的。那么数控铣床的数控系统是怎样的？应该如何使用操作系统操作机床呢？

1. FANUC Series 0i-MODEL F 数控铣床操作面板

FANUC 系统操作面板如图 1-3 所示，FANUC Series 0i-MODEL F 系统

MDI 操作面板分区如图 1-4 所示。

图 1-3 FANUC 系统操作面板

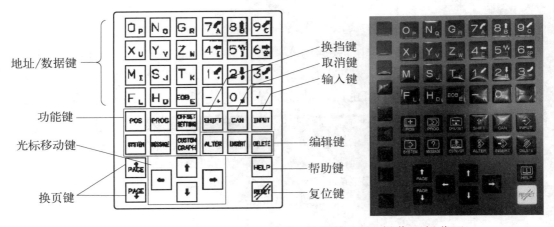

图 1-4 FANUC Series 0i-MODEL F 系统 MDI 操作面板分区

2. FANUC 数控系统各键功能说明

（1）编辑键

DELETE 删除键：删除光标处的数据；或者删除一个数控程序或者删除全部数控程序。

INSERT 插入键：把输入域中的数据插入到当前光标之后的位置。

CAN 消除键：消除输入域内的数据。

EOB.E 回撤换行键：结束一行程序的输入并且换行。

SHIFT 上挡键：输入双字符键上一排字符。

（2）页面切换键

PROG 程序键：在编辑方式下按此键显示程序画面。

POS 位置显示键：按此键显示坐标界面切换画面。

OFFSET SETTING 偏置/设定键：按此键显示偏置/设定画面。

HELP 帮助键：按此键显示帮助画面。

（3）系统复位键

RESET 复位键：按此键，复位 CNC 系统。

（4）换页键（PAGE）

↑PAGE 向上翻页。

PAGE↓ 向下翻页。

（5）光标移动键（CURSOR）

↑ 向上移动光标。

← 向左移动光标。

→ 向右移动光标。

↓ 向下移动光标。

（6）输入键

INPUT 输入键：把输入域内的数据输入参数页面或者输入一个外部的数控程序。

（7）屏幕软件键说明

FANUC Series 0i-MODEL F 系统屏幕软键说明如图 1-5 所示。

图 1-5　FANUC Series 0i-MODEL F 系统屏幕软键说明

3. FANUC Series 0i-MODEL F 系统机床操作按钮说明

FANUC Series 0i-MODEL F 系统机床操作面板如图 1-6 所示。

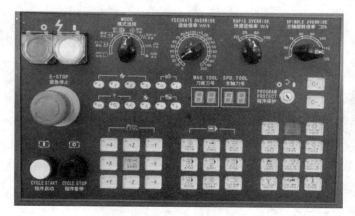

图 1-6　FANUC Series 0i-MODEL F 系统机床操作面板

：空运行方式。

：循环停止，自动操作停止。

：循环启动，自动操作开始。

：程序停，进给保持。

：返回参考点方式。

：手动进给方式。

：手轮进给方式。

：手轮进给倍率。（手轮又称为手摇脉冲发生器，如图1-7所示，在使用过程中，要长按左侧白色控制开关，同时转动手轮，相应坐标轴才会移动。）

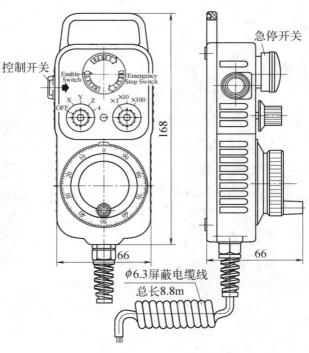

(a) 手轮外形　　　　　　　　　　　　　　(b) 手轮结构

图 1-7　手轮

：手动进给轴选择。

：轴向位移方向。

：轴向位移方向。

：快速进给。

：移动方向选择。

：主轴正转、停、反转。

：倍率调整按钮。

：主轴转速倍率调整按钮。

：急停开关按钮。

参照 FANUC 数控系统按钮说明，在学校数控铣床上找出对应的按钮并记录。请选择需要使用的功能按钮：

① 设备运行中，遇到紧急事件，需立即停止时，应按下（ 急停开关 ）；

② 使用手轮进行进给时，应按下（ 手轮进行进给方式 ）；

③ 机器运行中，需提高主轴转速，应使用（ 主轴转速倍率调整按钮 ）调节；

④ 输入程序时，如需移动光标，应使用（ 光标移动按键 ）；

⑤ 系统复位操作时，应按下（ 复位键 ）。

4. 数控铣床加工刀具

数控铣床加工刀具是指能对工件进行切削加工的工具。数控铣床使用的刀具主要有铣削用刀具和孔加工用刀具两大类。

铣削用刀具主要用于铣削面轮廓、槽面、台阶等。

5. 数控铣床用刀柄

数控铣床/加工中心上用的立铣刀和钻头大多采用装夹方式安装在刀柄上，刀柄由主柄部、夹紧螺母、弹簧夹套组成，如图1-8所示。

在刀柄主柄部根据机床不同配置不同的拉钉。

铣刀安装顺序：

① 根据铣刀规格，把相应的弹簧夹套（图1-9）放置在夹紧螺母内；

图 1-8　刀柄结构

图 1-9　夹套

② 将夹紧螺母安装到主柄部上，并旋转两圈左右，保证弹簧夹套在夹紧螺母中正确定位；

③ 将铣刀放入弹簧夹套，并用扳手将夹紧螺母拧紧，夹紧刀具。

常用的数控铣床刀柄型号为 BT40，其详细尺寸如下。

直径：63mm，公差为−0.05～04。

梯形槽底直径：53mm。

梯形槽槽顶部宽度：10mm，公差为 0～+0.14。

梯形槽的角度：上下各 30°，公差为−15～0。

梯形槽中心到主轴端面（刀柄锥面大头端点）距离：16.6mm，公差为正负 0.14。

BT40 刀柄的锥度为 7：24。

BT40ER 弹性刀柄 14 种型号：bt40-er16-70，bt40-er16-100，bt40-er16-150，bt40-er20-70，bt40-er20-100，bt40-er20-150，bt40-er25-70，bt40-er25-100，bt40-er25-150，bt40-er32-70，bt40-er32-100，bt40-er32-150，bt40-er40-100，bt40-er40-150。

【评价与反馈】

一、自我评价

学习任务名称：

评价项目	是	否
1. 能否分析出零件的正确形体		
2. 前置作业是否全部完成		
3. 是否完成了小组分配的任务		
4. 是否认为自己在小组中不可或缺		
5. 是否严格遵守了课堂纪律		
6. 在本次学习任务的学习过程中,是否主动帮助同学		
7. 对自己的表现是否满意		

二、小组评价

序号	评价项目	评价(1～10分)
1	具有团队合作意识,注重沟通	
2	能自主学习及相互协作,尊重他人	
3	学习态度积极主动,能参加安排的活动	
4	服从教师的教学安排,遵守学习场所管理规定,遵守纪律	
5	能正确地领会他人提出的学习问题	
6	工作岗位的责任心	
7	能正确对待肯定和否定的意见	
8	团队学习中主动参与合作的情况如何	

评价人：　　　　　　　　　　　　　　　　　　年　　月　　日

三、教师评价

序号	项目	教师评价			
		优	良	中	差
1	按时上、下课				
2	着装符合要求				
3	遵守课堂纪律				
4	学习的主动性和独立性				
5	工具、仪器使用规范				
6	主动参与工作现场的8S工作				
7	工作页填写完整				
8	与小组成员积极沟通并协助其他成员共同完成学习任务				
9	会快速查阅各种手册等资料				
10	教师综合评价				

【任务拓展】

任务描述： 熟悉机床操作面板按钮功能；安装找正平口钳，手动操作加工平面。

项目二
平面与轮廓外形铣削

知识目标

1. 了解数控铣加工编程环境；
2. 了解数控铣加工程序的基本结构与格式；
3. 了解相关指令的含义、格式及应用。

能力目标

1. 掌握相关指令的含义、格式及应用；
2. 掌握数控铣加工程序的基本结构与格式；
3. 编制简单方形凸台面轮廓加工程序。

【任务描述】

铣削方形凸台零件尺寸如图 2-1 所示，材料为 Al2000，毛坯尺寸为 80mm×80mm×30mm，要求对零件的上表面及凸台进行粗精加工。

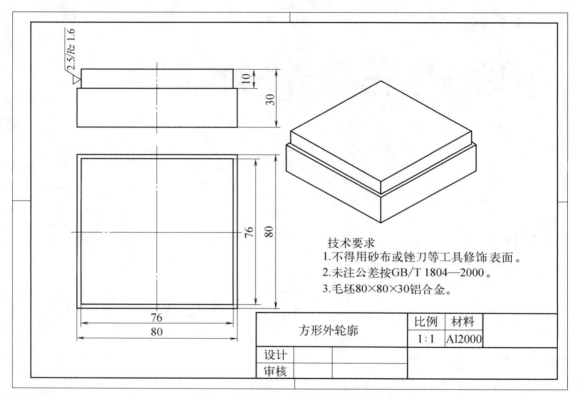

技术要求
1.不得用砂布或锉刀等工具修饰表面。
2.未注公差按GB/T 1804—2000。
3.毛坯80×80×30铝合金。

方形外轮廓	比例	材料
	1:1	Al2000
设计		
审核		

图 2-1　平面与轮廓铣削零件图

【知识链接】

一、数控程序结构与格式

1. 指令字

① 顺序号字 N。顺序号又称程序段号或程序段序号。顺序号位于程序段之首，由顺序号字 N 和后续数字组成。

② 准备功能字 G。准备功能字的地址符是 G，又称为 G 功能或 G 指令，是用于建立机床或控制系统工作方式的一种指令。

③ 尺寸字。尺寸字用于确定机床上刀具运动终点的坐标位置。

其中，第一组 X、Y、Z、U、V、W、P、Q、R 用于确定终点的直线坐标尺寸；第二组 A、B、C、D、E 用于确定终点的角度坐标尺寸。

④ 进给功能字 F。进给功能字的地址符是 F，又称为 F 功能或 F 指令，用于指定切削的进给速度。对于数控铣床，F 指令指定的是每分钟进给量。F 指令在螺纹切削程序段中常用来指令螺纹的导程。

⑤ 主轴转速功能字 S。主轴转速功能字的地址符是 S，又称为 S 功能或 S 指令，用于指定主轴转速，单位为 r/min。

⑥ 刀具功能字 T。刀具功能字的地址符是 T，又称为 T 功能或 T 指令，用于指定加工时所用刀具的编号。对于数控车床，其后的数字还兼作指定刀具长度补偿和刀尖半径补偿用。

⑦ 辅助功能字 M。辅助功能字的地址符是 M，后续数字一般为 1～3 位正整数，又称为 M 功能或 M 指令，用于指定数控机床辅助装置的开关动作。

2. 程序段

一个数控加工程序是由若干个程序段组成的。程序段格式是指程序段中的字、字符和数据的排列形式。程序段格式举例：

N30 G01 X88.1 Y30.2 F500 S3000 T02 M08

N40 X90

3. 程序结构

程序结构示例如图 2-2 所示。

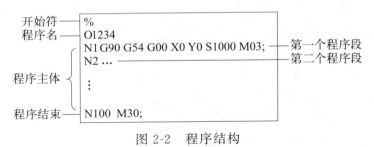

图 2-2　程序结构

请分析上述内容，完成下面填空。

一个完整的加工程序结构包括＿＿＿＿＿＿、＿＿＿＿＿＿、＿＿＿＿＿＿和＿＿＿＿＿＿。

程序中的字符 N 的意思是＿＿＿＿＿＿＿。

二、相关指令含义、格式及应用

数控程序常见指令如下。

G00：快速定位指令。格式：G00　X Y Z；

G01：直线插补指令。格式：G01　X Y Z F；

G17：XOY 平面。G54：设定工件坐标系。G90：绝对坐标。G91：相对坐标。

G80：固定循环取消。

M03：主轴正转。M04：主轴反转。M05：主轴停转。M30：程序结束。

S1200：主轴转速 1200r/min。

1. G00 快速定位

G00 快速定位指令为刀具相对于工件分别以各轴快速移动速度由始点（当前点）快速移动到终点定位。当执行绝对值 G90 指令时，刀具分别以各轴快速移动速度移至工件坐标系中坐标为（X，Y，Z）的点上；当执行增量值 G91 指令时，刀具则移至距始点（当前点）坐标为（X，Y，Z）的点上。各轴快速移动速度可分别用参数设定，在加工执行时，还可以在操作面板上用快速进给速度修调旋钮来调整控制。

例如，刀具由点 A 移动至点 B，X 轴和 Y 轴的快速移动速度均为 4000mm/min，程序为：

G90 G00 X40.0 Y30.0 F4000；或 G91 G00 X20.0 Y20.0 F4000；

则刀具的进给路线为一折线，即刀具从起始点 A 先沿 X 轴、Y 轴同时移动至点 B，然后再沿 X 轴移动至终点 C，如图 2-3 所示。

2. G01 直线插补

G01 直线插补指令为刀具相对于工件以 F 指令的进给速度从始点（当前点）向终点进行直线插补。F 代码是进给速度指令代码，在没有新的 F 指令以前一直有效，不必在每个程序段中都写入 F 指令。

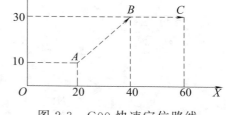

图 2-3 G00 快速定位路线

例如，刀具由点 A 加工至点 B，程序为：

G90 G01 X60.0 Y30.0 F200；

或 G91 G01 X40.0 Y20.0 F200；

F200 是指从始点 A 向终点 B 进行直线插补的进给速度 200mm/min，刀具的进给路线如图 2-4 所示。

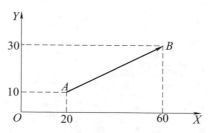

图 2-4 G01 直线切削加工路线

绝对值编程与相对值编程如图 2-5 所示，要求刀具由原点按顺序移动到点

1、2、3，使用 G90 和 G91 编程。

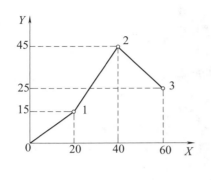

G90编程	G91编程
O0001	O0002
N1 G90　G01　X20　Y15；	N1 G91　G01　X20　Y15；
N2 G90　G01　X40　Y45；	N2 G91　G01　X20　Y30；
N3 G90　G01　X60 Y25；	N3 G91　G01　　X20
N4 M30；	Y－20；
	N4　M30；

图 2-5　绝对值编程与相对值编程

　　使用 G90 编程时，点 1、2、3 的坐标都是以坐标系中的 O 为原点，所以编程时点 1 坐标为（20，15）；点 2 坐标为（40，45）；点 3 坐标为（60，25）。

　　使用 G91 编程时，点 1 坐标是以 O 点为原点，所以点 1 坐标为（20，15）；当刀走到点 1 开始向点 2 移动时，是将点 1 的位置作为坐标原点，所以点 2 以点 1 为原点的坐标位置应该为（40-20，45-15），即点 2 相对点 1 的坐标为（20，30）；点 3 以点 2 为原点的坐标为（60-40，25-45），即点 3 相对点 2 的坐标为（20，-20）。

　　通过上述例子的学习，请完成程序编写，若刀具由图 2-4 中的点 B 加工至点 A，直线插补的进给速度为 300 mm/min 时，程序为：

　　G90 G01 X_Y_F_；或 G91 G01 X_Y_F_；

【任务实施】　数控铣外轮廓的编程加工

　　根据图 2-6 所示刀轨编写 76×76 的外轮廓铣削程序。

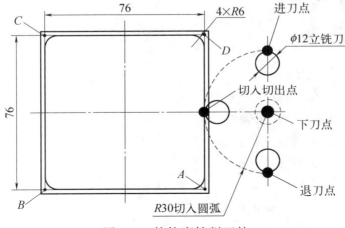

图 2-6　外轮廓铣削刀轨

一、节点计算

计算下刀点、进刀点的坐标，铣削加工采用 $\phi12$ 的铣刀加工。（注：切入切出圆弧必须大于刀具补偿半径值 D_1。）

① 下刀点坐标值（X68.Y0.）。（注：计算方法为切入切出点的 X 坐标加上切入半径值。）

② 进刀点坐标值（X68.Y30.）。（注：计算方法为切入切出点的 Y 坐标加上切入半径值。）

③ 切入点坐标值（X38.Y0.）。

④ 节点 A 坐标值（X38.Y-38.）。

⑤ 节点 B 坐标值（X-38.Y-38.）。

⑥ 节点 C 坐标值（X-38.Y38.）。

⑦ 节点 D 坐标值（X38.Y38.）。

⑧ 退刀点坐标值（X68.Y-30.）。

二、刀补的使用

采用 G41 刀具左补偿进行加工（注：刀具补偿只能在 G00 或者 G01 指令中执行，因此，补偿只能在直线段建立），从下刀点到进刀点为直线运动建立刀补，进刀点至退刀点之间的路径为执行刀补，退刀点至下刀点为直线运动为取消刀补。

刀具补偿值 D_1 计算过程如下。

粗加工 $D_1=6.3$，刀具半径＋0.3（单边预留 0.3mm）。

半精加工 $D_1=6.1$，刀具半径＋0.1（单边预留 0.1mm）。

精加工 $D_1=$ 测量计算值（测量计算值＝0.1－实际测量单边余量值）。

三、编制数控程序

O0001；（主程序）

G69；

G40 G80 G17；（初始化）

G54 G90 G00 Z100.M03 S1000；

X0.Y0.；（验证对刀的正确性）

Z10.；（快速下刀至距工件上表面 10mm 的安全高度）

M98 D01 P2；（调用 O0002 子程序）

G00 Z100.；（抬刀）

G28 Y0.；（自动回 Y 轴机械零点）

X0.；

M05；

M30；

O0002；（子程序）

G00 X68. Y0. ；（下刀点）

G01 Z-10. F100；（以 100mm/min 的速度下刀）

G41 G01 X68. Y30. F200；（进刀点）

G03 X38. Y0. R30. ；（切入切出点）

G01 Y-38. ，R6. ；（注：直线 G01 走圆角需要在 R 前面加"，"）

X-38. ，R6. ；

Y38. ，R6. ；

X38. ，R6. ；

Y0. ；

G03 X68. Y-30. R30. ；（退刀点）

G40 G01 X68. Y0. ；（刀补取消返回至下刀点）

M99；

注：X、Y、Z、R 后面的数字都需要加小数点"."。

平面外形零件加工步骤如表 2-1 所示。

表 2-1 平面外形零件加工步骤

步骤	内容	选用刀具	加工方式	加工余量
1	加工平面	T1D12	手编铣面程序	0
2	粗铣凸台轮廓外形	T1D12	手编外轮廓	0.2
3	精铣粗铣凸台轮廓外形	T1D12	手编外轮廓	0

认真阅读零件图，完成表 2-2。

表 2-2 零件图分析内容表

项目	分析内容
标题栏信息	零件名称： 零件材料： 毛坯规格：
零件形体	描述零件主要结构：
尺寸公差	图样上标注公差的尺寸有：
几何公差	零件有没有几何公差要求：
表面粗糙度	零件加工表面粗糙度：
其他技术要求	请描述零件的其他技术要求：

四、零件对刀

在加工程序执行前，调整每把刀的刀位点，使其尽量与某一理想基准点重合，这个过程称为对刀。对刀的目的是通过刀具或对刀工具确定工件坐标系与机床坐标系之间的空间位置关系，并将对刀数据输入到相应的存储位置。对刀是数控加工中最重要的工作内容，对刀的准确性将直接影响零件的加工精度。对刀动作分为 X、Y 向对刀和 Z 向对刀。

1. 对刀步骤（以试切法对刀为例）

① 机床通电：把机床强电开关打到"ON"位置，然后在操作面板上按通电按钮，如图 2-7 所示。

图 2-7　机床通电

② 待机床自检完成后顺时针旋转打开"紧急停止"开关，如图 2-8 所示。

③ 机床回原点："MODE 模式选择"选择"原点"模式→点击按钮 +Z →+X →+Y，如图 2-9 所示。

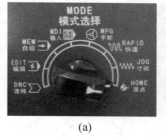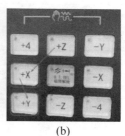

图 2-8　紧急停止　　　　图 2-9　机床回原点

④ 机床主轴顺时针旋转："MODE 模式选择"选择"MDI 输入"模式→点击"PROG"按钮→进入输入画面→点击"EOB"按钮→输入"M3 S500"→点击"EOB"按钮→点击"插入 INSERT"按钮→按程式启动按钮，如图 2-10 所示。

⑤ "MODE 模式选择"选择"手轮"模式，如图 2-11（a）所示→手轮选择 X 轴，如图 2-11（b）所示，把铣刀移动至刚好与工件左侧相接触，如图 2-11（c）所示→在操作面板上按 X_U→点击"起源"软键→点击"执行"软键→提

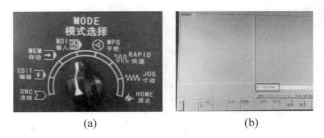

(a)　　　　　　　　　　　(b)

图 2-10　机床主轴顺时针旋转

刀，然后把刀移动至刚好与工件右侧相接触，如图 2-11（d）所示，此时显示 X 相对坐标值为 $X=92.900$，如图 2-11（e）所示→提刀，然后把刀移动至 $X=46.45$ 处→点击"起源"软键→点击"执行"软键，如图 2-11（f）所示→提刀；相同原理对 Y 轴→手轮选择 Z 轴，把刀尖刚好接触到工件上表面→在操作面板上按 Z_U→点击"起源"软键→点击"执行"软键，如图 2-11（g）所示→按

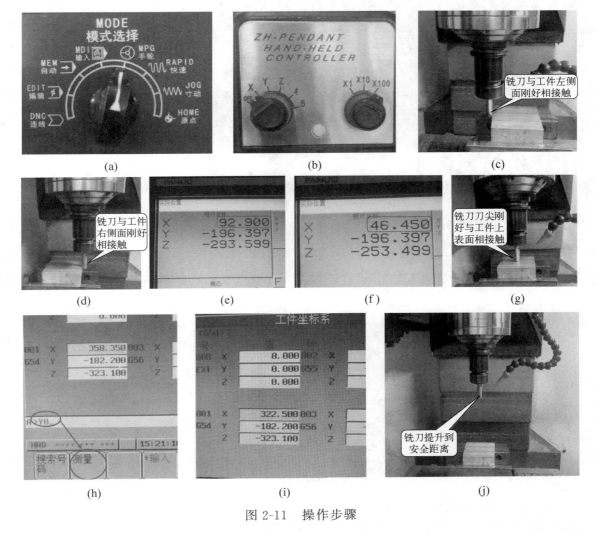

图 2-11　操作步骤

OFS/SET 按钮 📷 →把光标移到 01G54 处，输入 X0→点击"测量"软件按钮，如图 2-11（h）所示→输入 Y0→按"测量"软件按钮，如图 2-11（i）所示→输入 Z0→按"测量"软件按钮→对刀完成后提刀到安全高度，如图 2-11（j）所示。

阅读上述操作过程，判断下列做法是否安全（安全的打"√"，不安全的打"×"）

① 在对刀时，主轴转速应小于 300r/min。　　　　　　　　　　（　　）

② 在对刀时，选择×100 倍率，顺时针旋转手轮，使刀具靠近毛坯。（　　）

③ 在完成工件一侧的对刀操作后，在不抬起 Z 轴的情况下直接进行另一侧边的对刀操作。　　　　　　　　　　　　　　　　　　　　（　　）

2. 输入程序

操作界面，设置为"EDIT"（编辑模式）功能键→按"PROG"（程序）→输入程序号 O0001→按"EOB"（换行符）→再按"INSERT"（插入）→直到输入程序结束。

3. 模拟仿真

编辑模式（EDIT）下光标定位到主程序的程序头→自动执行（AUTO）机床锁定（MACHINE LOCK）→DRY DUN 程序空运行（模拟速度快一些）→按下 CSTM/GRPH 按钮→清除→开始→按下循环启动按钮开始仿真。

【评价与反馈】

一、自我评价

学习任务名称：

评价项目	是	否
1. 能否分析出零件的正确形体		
2. 前置作业是否全部完成		
3. 是否完成了小组分配的任务		
4. 是否认为自己在小组中不可或缺		
5. 是否严格遵守了课堂纪律		
6. 在本次学习任务的学习过程中，是否主动帮助同学		
7. 对自己的表现是否满意		

二、小组评价

序号	评价项目	评价（1～10分）
1	具有团队合作意识，注重沟通	
2	能自主学习及相互协作，尊重他人	
3	学习态度积极主动，能参加安排的活动	
4	服从教师的教学安排，遵守学习场所管理规定，遵守纪律	
5	能正确地领会他人提出的学习问题	
6	工作岗位的责任心	
7	能正确对待肯定和否定的意见	
8	团队学习中主动参与合作的情况如何	

评价人：　　　　　　　　　　　　　　　　　　　　　年　　月　　日

三、教师评价

序号	项目	教师评价			
		优	良	中	差
1	按时上、下课				
2	着装符合要求				
3	遵守课堂纪律				
4	学习的主动性和独立性				
5	工具、仪器使用规范				
6	主动参与工作现场的8S工作				
7	工作页填写完整				
8	与小组成员积极沟通并协助其他成员共同完成学习任务				
9	会快速查阅各种手册等资料				
10	教师综合评价				

【任务拓展】

任务描述：根据图 2-12 所示图纸手工编写加工程序，并在机床上加工完成。

1. A（30，25）、B（20，0）、C（20，-20）、D（-20，-20）、E（-20，0）、F（-30，25），切深为 2mm。（用 G00、G01 编程铣削，毛坯 70mm×50mm。）

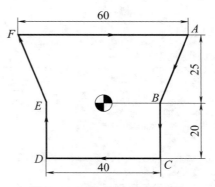

图 2-12　任务拓展毛坯图

项目三
圆凸台零件铣削

知识目标

1. 了解圆弧的编程指令；
2. 了解整圆的编程指令。

能力目标

1. 能够编制圆凸台零件铣削程序；
2. 能够利用机床加工零件。

【任务描述】

铣削圆凸台零件，尺寸如图 3-1 所示，材料为 Al2000，毛坯尺寸已加工为 80mm×80mm×30mm，要求对零件的圆凸台进行粗、精加工。

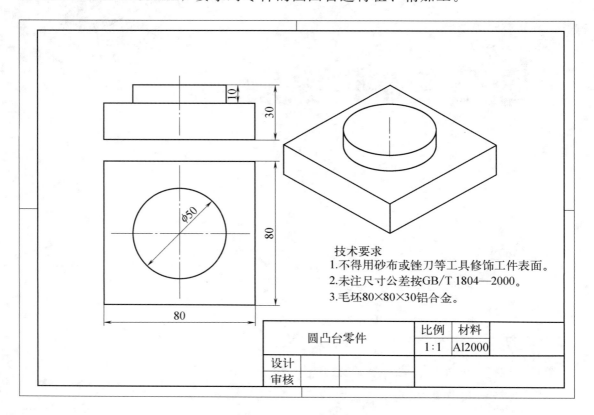

图 3-1　圆凸台零件

【知识链接】

一、圆弧切削指令

G02 指令：顺时针方向（CW）圆弧切削。

G03 指令：逆时针方向（CCW）圆弧切削。

工件上有圆弧轮廓皆以 G02 或 G03 切削，因铣床工件是立体的，故在不同平面上其圆弧切削方向（G02 或 G03）的定义方式：依右手坐标系，视线朝向平面垂直轴的正方向往负方向看，顺时针为 G02，逆时针为 G03。指令格式如下。

① X－Y 平面上的圆弧：　　　　G17 $\begin{Bmatrix} G02 \\ G03 \end{Bmatrix}$ X ＿ Y ＿ $\begin{Bmatrix} R\_ \\ I\_\_ J\_\_ \end{Bmatrix}$ F ＿；

② Z－X 平面上的圆弧：　　　　G18 $\begin{Bmatrix} G02 \\ G03 \end{Bmatrix}$ Z ＿ X ＿ $\begin{Bmatrix} R\_ \\ K\_\_ I\_\_ \end{Bmatrix}$ F ＿；

③ Y－Z 平面上的圆弧：　　　　G19 $\begin{Bmatrix} G02 \\ G03 \end{Bmatrix}$ Y ＿ Z ＿ $\begin{Bmatrix} R\_ \\ J\_\_ K\_\_ \end{Bmatrix}$ F ＿；

指令各地址的意义如下。

X、Y、Z：终点坐标位置，可用绝对值（G90）或增量值（G91）表示。

R：圆弧半径，以半径值表示。（以 R 表示者又称为半径法。）

I、J、K：从圆弧起点到圆心位置，在 X、Y、Z 轴上的分向量。（以 I、J、K 表示者又称为圆心法。）

X 轴的分向量用地址 I 表示。

Y 轴的分向量用地址 J 表示。

Z 轴的分向量用地址 K 表示。

F：切削进给速度，单位为 mm/min。

二、圆弧的表示方法

1. 半径法

以 R 表示圆弧半径，以半径值表示。此法以起点及终点和圆弧半径来表示一圆弧，在圆上会有二段弧出现，如图 3-2 所示。故以 R 是正值时，表示圆心角≤180°的弧；R 是负值时，表示圆心角＞180°的弧。

假设图 3-2 中，R＝50mm，终点坐标绝对值为（100.，80.），则

（1）圆心角＞180°的弧（即路径 B）：G90 G03 X100．Y80．R -50．F80；

（2）圆心角≤180°的弧（即路径 A）：G90 G03 X100．Y80．R50．F80；

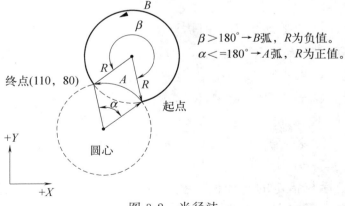

图 3-2　半径法

2. 圆心法

I、J、K 后面的数值被定义为从圆弧起点到圆心的位置，在 X、Y、Z 轴上的分向量值。以图 3-3 作为说明。

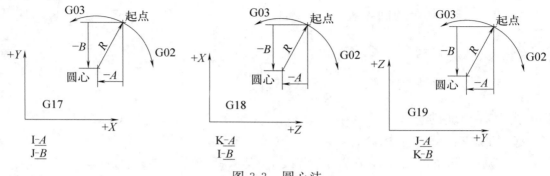

图 3-3　圆心法

CNC 铣床上使用半径法或圆心法来表示一圆弧，看工作图上的尺寸标示而定，以使用较方便者（即不用计算，即可看出数值者）为取舍。但若要铣削一全圆时，只能用圆心法表示，半径法无法执行。若用半径法以二个半圆相接，其真圆度误差会太大。

如图 3-4 所示，铣削一全圆的指令写法：G02 I-50. ；

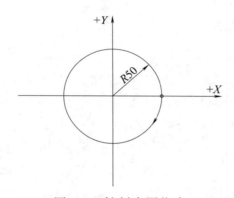

图 3-4　铣削全圆指令

使用 G02、G03 圆弧切削指令时应注意下列几点：

① 一般 CNC 铣床或 MC 开机后，即设定为 G17（X－Y 平面），故在 X－Y 平面上铣削圆弧，可省略 G17 指令。

②当一单节中同时出现 I、J 和 R 时，以 R 为优先（即有效），I、J 无效。

③ I0 或 J0 或 K0，可省略不写。

④ 省略 X、Y、Z 终点坐标时，表示起点和终点为同一点，是切削全圆。若用半径法则刀具无运动产生。

⑤ 当终点坐标与指定的半径值非交于同一点时，会显示警示信息。

⑥ 直线切削后面接圆弧切削，其 G 指令必须转换为 G02 或 G03，若再行直

线切削时，则必须再转换为 G01 指令，这些是很容易被疏忽的。

⑦ 使用切削指令（G01、G02、G03）须先指令主轴转动，且须指令进给速度 F。

【任务实施】

一、工艺分析

圆凸台零件加工步骤见表 3-1。

表 3-1　圆凸台零件加工步骤　　　　　　　单位：mm

步骤	内容	选用刀具	加工方式	加工余量
1	粗铣 50×50 轮廓外形	T1D10	手工编制铣整圆程序	0.3
2	精铣 50×50 轮廓外形	T1D10	手工编制铣整圆程序	0

二、铣削圆凸台零件程序编程

编写如图 3-5 所示 ϕ50mm 深 10mm 的外圆铣削程序。

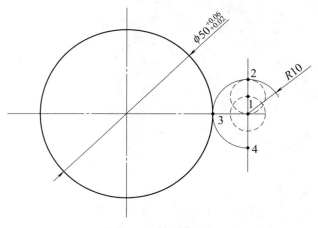

图 3-5　外圆铣削

1. 节点计算

计算下刀点、进刀点的坐标，铣削加工采用 ϕ10 铣刀加工。（注意：切入切出圆弧必须大于刀具补偿半径值 D_1）。

采用外逆时针走刀：1—2—3—4—1 的走刀轨迹。

下刀点 1 坐标值（X35.Y0.）。（注：计算方法为 3 号点的 X 坐标加上切入半径值。）

进刀点 2 坐标值（X35.Y10.）。（注：1 号点的 Y 坐标加上切入半径值。）

切入点 3 坐标值（X2.Y0.）。

退刀点 4 坐标值（X35.Y-10.）。

2. 刀补的使用

本次编程采用顺铣加工，采用 G41（刀具左补偿）。（注：刀具补偿只能在 G00 或者 G01 指令中执行，因此，补偿只能在直线段建立。）1 点到 2 点为直线运动建立刀补，2 点到 4 点为执行刀补，4 点到 1 点为直线运动取消刀补。

刀具半径补偿值 D_1 计算如下。

粗加工 $D_1=5.3$，刀具半径+0.3（单边预留 0.3mm）。

半精加工 $D_1=5.1$，刀具半径+0.1（单边预留 0.1mm）。

以测量的方式决定精加工刀具半径尺寸，精加工 $D_1=$ 测量计算值。

3. 编制数控程序

O0001；（主程序）

G69；

G40 G80 G17；

G54 G90 G00 Z100.M03 S800；

X0.Y0.；

Z10.；（快速移动至距离工件上表面 10mm 的安全平面高度）

D01 M98 P0002；

G00 Z100.；

X0.；

G28 Y0.；

M05；

M30；

O0002；（子程序）

G00 X35.Y0.；（下刀点）

G01 Z-10.F100；（以 100mm/min 的速度下刀）

G41 G01 X35.Y10.F200；（进刀点）

G03 X25.Y0.R10.；（切入切出点）

G02 I-25.；

G03 X25.Y-10.R10.；（退刀点）

G40 G01 X35.Y0.；（返回下刀点取消刀补）

M99；

注：进刀点和退刀点是关于 X 轴对称的两个点；G40 取消刀补时返回主程序中的下刀点。

【评价与反馈】

一、自我评价

学习任务名称：

评价项目	是	否
1. 能否分析出零件的正确形体		
2. 前置作业是否全部完成		
3. 是否完成了小组分配的任务		
4. 是否认为自己在小组中不可或缺		
5. 是否严格遵守了课堂纪律		
6. 在本次学习任务的学习过程中,是否主动帮助同学		
7. 对自己的表现是否满意		

二、小组评价

序号	评价项目	评价(1~10分)
1	具有团队合作意识,注重沟通	
2	能自主学习及相互协作,尊重他人	
3	学习态度积极主动,能参加安排的活动	
4	服从教师的教学安排,遵守学习场所管理规定,遵守纪律	
5	能正确地领会他人提出的学习问题	
6	工作岗位的责任心	
7	能正确对待肯定和否定的意见	
8	团队学习中主动参与合作的情况如何	

评价人： 年 月 日

三、教师评价

序号	项目	教师评价			
		优	良	中	差
1	按时上、下课				
2	着装符合要求				
3	遵守课堂纪律				
4	学习的主动性和独立性				

续表

序号	项目	教师评价			
		优	良	中	差
5	工具、仪器使用规范				
6	主动参与工作现场的 8S 工作				
7	工作页填写完整				
8	与小组成员积极沟通并协助其他成员共同完成学习任务				
9	会快速查阅各种手册等资料				
10	教师综合评价				

【任务拓展】

任务描述：铣削圆凸台零件尺寸如图 3-6 所示，材料为 Al2000，毛坯尺寸已精加工为 80mm×80mm×20mm，要求对零件的凸台进行粗、精加工。

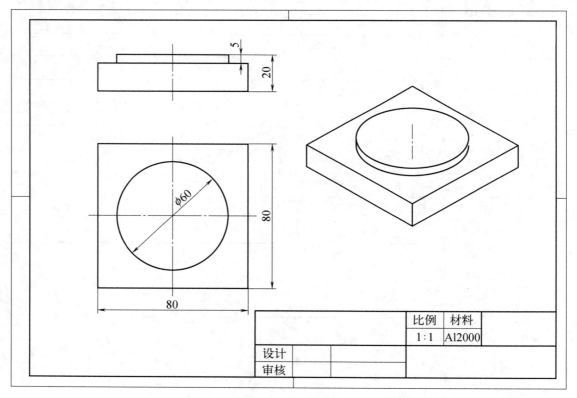

图 3-6　孔槽零件

项目四
内孔零件铣削

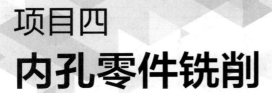

知识目标

1. 了解内孔零件加工指令；
2. 学习掌握内孔零件铣削的编程方法。

能力目标

1. 编制内孔零件铣削程序；
2. 完成内孔零件的加工。

【任务描述】

铣削内孔零件尺寸如图 4-1 所示，材料为 Al2000，毛坯尺寸为 80mm×80mm×30mm，要求对零件进行粗、精加工。

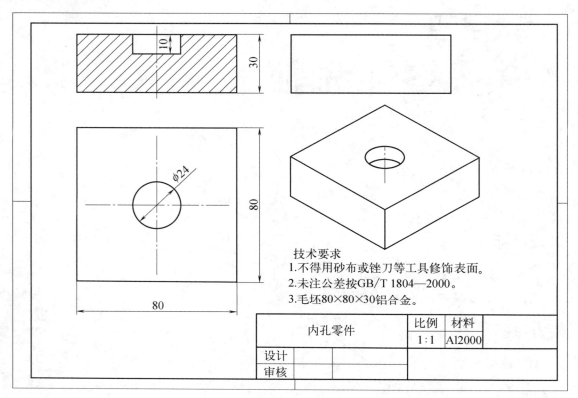

技术要求
1.不得用砂布或锉刀等工具修饰表面。
2.未注公差按GB/T 1804—2000。
3.毛坯80×80×30铝合金。

	内孔零件	比例	材料	
		1∶1	Al2000	
设计				
审核				

图 4-1　内孔零件

【知识链接】　M98 指令

M98 指令：调用子程序。

一般格式有 M98 PXXXX L＊＊（XXXX 代表子程序名、＊＊代表调用子程序的次数）。

例：M98 P0001 L21；

数控编程 M98 常用在同样的程序中多次使用，对简化程序有很大的好处，比如同样的槽或者孔等，可以把槽或者孔的程序另外编个程序名即子程序，在主程序里面用 M98 这个指令就可以把它调出来，根据不同的位置车出同样的槽或者打出同样的孔。下面以槽为例。

主程序 O2346

M3 S2000 T101 G0 X21.；

Z-20.；

M98 P1000；第一次进入子程序

Z-30.；

M98 P1000；第二次进入子程序

G0 Z100.；

M30；结束程序回到程序开头

切槽子程序 O1000

GO X21.；

G1 X16.F0.05；

X21.F.5；

M99；回到主程序

【任务实施】

一、工艺分析

内孔零件加工步骤见表4-1。

表 4-1　内孔零件加工步骤　　　　　　单位：mm

步骤	内　容	选用刀具	加工方式	加工余量
1	平面加工	T1D12	手工编制铣面程序	0
2	ϕ24 内圆轮廓铣粗加工	T1D12	手工编制铣内圆程序	0.2
3	ϕ24 内圆轮廓铣精加工	T1D12	手工编制铣内圆程序	0

二、铣削内孔零件程序编制

编写 ϕ24 深 6mm 的内孔铣削程序，如图 4-2 所示。

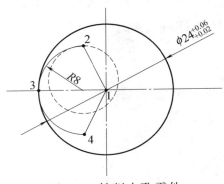

图 4-2　铣削内孔零件

1. 节点计算

计算下刀点、进刀点的坐标，铣削加工采用 $\phi12$ 铣刀加工。注意：切入切出圆弧必须大于刀具补偿半径值 D_1 且小于大圆的半径。本题中切入圆弧半径 R：$6 < R < 12$ 即可。

采用内逆时针走刀：1—2—3—4—1 的走刀轨迹；

下刀点 1 坐标值（X0. Y0.）（圆心下刀）；

进刀点 2 坐标值（X-4. Y8.）（注：计算方法为 3 号点的 X 坐标减去切入半径，3 号点的 Y 坐标减去切入半径）；

切入点 3 坐标值（X-12. Y0.）；

退刀点 4 坐标值（X-4. Y-8.）。

2. 刀补的使用

本次编程采用顺铣加工，采用 G41（刀具左补偿）（注：刀具补偿只能在 G00 或者 G01 指令中执行。因此，补偿只能在直线段建立）。1 点到 2 点为直线运动建立刀补，2 点到 4 点为执行刀补，4 点到 1 点为直线运动取消刀补。

刀具半径补偿值 D_1：

粗加工 $D_1 = 6.3$，刀具半径+0.3（单边预留 0.3mm）。

半精加工 $D_1 = 6.1$，刀具半径+0.1（单边预留 0.1mm）。

以测量的方式决定精加工刀具半径尺寸，精加工 $D_1 =$ 测量计算值。

3. 编制数控程序

O0001；（主程序）

G69；

G40 G80 G17；

G54 G90 G00 Z100. M03 S1000；（刀具抬刀离工件表面 100mm 的高度）

X0. Y0.；（移动到工件的中心）

（注："单段"执行到这一步后，看一下此时刀具是否在工件的中心，且距离工件上表面 100mm 的高度，如正确，说明对刀正确，则"单段"按掉，让机床自动加工。）

Z10.；（快速下刀离工件表面 10mm 的安全平面高度）

D01 M98 P0002；（调用 O0002 号子程序进行加工，调用 D01 号刀补）

G00 Z100.；（抬刀）

X0.；

G28 Y0.；（自动返回机床 Y 轴机械零点）

M05；

M30；

O0002（子程序）

G00 X0. Y0.；（下刀点）

G01 Z-6.F100；（以 100mm/min 的速度下刀）

G41 G01 X-4.Y8.F200；（进刀点）

G03 X-12.Y0.R8.；（切入切出点）

G03 I12.；

G03 X-4.Y-8.R8.；（退刀点）

G40 G01 X0.Y0.；（G40 直线取消刀补至下刀点）

M99；（子程序结束）

【评价与反馈】

一、自我评价

学习任务名称：

评价项目	是	否
1. 能否分析出零件的正确形体		
2. 前置作业是否全部完成		
3. 是否完成了小组分配的任务		
4. 是否认为自己在小组中不可或缺		
5. 是否严格遵守了课堂纪律		
6. 在本次学习任务的学习过程中,是否主动帮助同学		
7. 对自己的表现是否满意		

二、小组评价

序号	评价项目	评价(1~10分)
1	具有团队合作意识,注重沟通	
2	能自主学习及相互协作,尊重他人	
3	学习态度积极主动,能参加安排的活动	
4	服从教师的教学安排,遵守学习场所管理规定,遵守纪律	
5	能正确地领会他人提出的学习问题	
6	工作岗位的责任心	
7	能正确对待肯定和否定的意见	
8	团队学习中主动参与合作的情况如何	

评价人：　　　　　　　　　　　　　　　　　　　　　　　　　年　　月　　日

三、教师评价

序号	项目	教师评价			
		优	良	中	差
1	按时上、下课				
2	着装符合要求				
3	遵守课堂纪律				
4	学习的主动性和独立性				
5	工具、仪器使用规范				
6	主动参与工作现场的8S工作				
7	工作页填写完整				
8	与小组成员积极沟通并协助其他成员共同完成学习任务				
9	会快速查阅各种手册等资料				
10	教师综合评价				

【任务拓展】

编写 $\phi30$ 深 5mm 的内孔铣削程序，如图 4-3 所示。

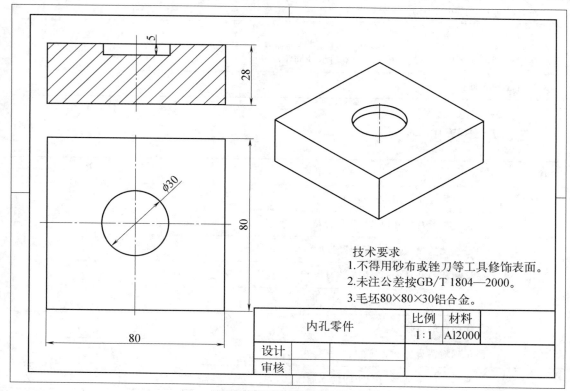

图 4-3　任务拓展图

项目五
半圆薄壁零件铣削

知识目标

1. 掌握 NX 10 数控铣削加工方法和基本操作步骤、铣削参数的设置及应用；

2. 掌握槽、孔类零件加工编程方法与步骤；

3. 掌握薄壁编程加工方法；

4. 掌握选择工件一个角点编程坐标系的对刀方法；

5. 掌握 NX 10 后处理生成程序并应用到实际机床加工的方法与步骤。

能力目标

1. 会绘制零件图；

2. 会设置槽、孔加工铣削参数并应用；

3. 会 NX 10 数控铣削参数的设置，并能创建钻孔加工与铰孔加工刀轨；

4. 具备选择工件一个角点编程坐标系的对刀方法、仿真加工的能力；能正、反面加工编程与对刀；

5. 具备应用生成的程序实际操作机床加工的能力。

【任务描述】

铣削半圆薄壁零件，尺寸如图 5-1 所示，材料为 Al2000，毛坯尺寸为 80mm×80mm×30mm，要求对零件进行粗、精加工。

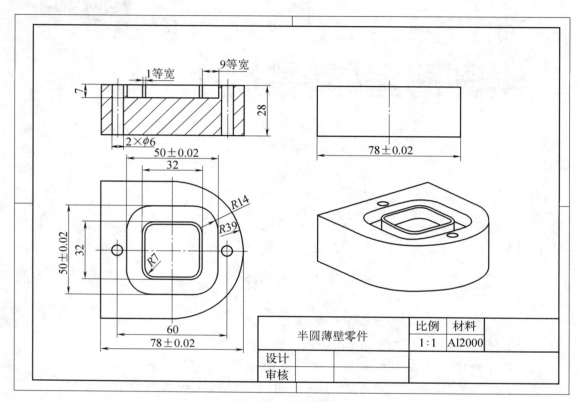

图 5-1　半圆薄壁零件

【知识链接】

引导问题：

零件加工需要 2 次以上装夹时，如何进行翻面对刀才能保证零件尺寸的重复定位精度？

一、翻面对刀和百分表的使用

1. 百分表的工作原理

百分表的工作原理是将被测尺寸引起的测杆微小直线移动，经过齿轮传动放大，变为指针在刻度盘上的转动，从而读出被测尺寸的大小。百分表是利用齿条齿轮或杠杆齿轮传动，将测杆的位移变为指针的角位移的计量器具。

2. 百分表的结构原理

百分表是一种精度较高的比较量具，它只能测出相对数值，不能测出绝对数值，主要用于测量形状和位置误差，也可用于机床上安装工件时的精密找正。百分表的读数准确度为 0.01mm。百分表的结构如图 5-2 所示。当测量杆向上或向下移动 1mm 时，通过齿轮传动系统带动大指针转一圈，小指针转一格。刻度盘在圆周上有 100 个等分格，各格的读数值为 0.01mm。小指针每格读数为 1mm。测量时指针读数的变动量即为尺寸变化量。刻度盘可以转动，以便测量时大指针对准零刻线。

3. 读数方法

百分表的读数方法为：先读小指针转过的刻度线（即毫米整数），再读大指针转过的刻度线（即小数部分），并乘以 0.01，然后两者相加，即得到所测量的数值。

4. 注意事项

① 使用前，应检查测量杆活动的灵活性。即轻轻推动测量杆时，测量杆在套筒内的移动要灵活，没有任何轧卡现象，每次手松开后，指针能回到原来的刻度位置。

② 使用时，必须把百分表固定在可靠的夹持架上。切不可贪图省事，随便夹在不稳固的地方，否则容易造成测量结果不准确，或摔坏百分表。

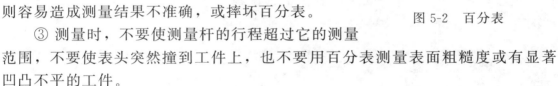

图 5-2　百分表

③ 测量时，不要使测量杆的行程超过它的测量范围，不要使表头突然撞到工件上，也不要用百分表测量表面粗糙度或有显著凹凸不平的工件。

④ 测量平面时，百分表的测量杆要与平面垂直，测量圆柱形工件时，测量杆要与工件的中心线垂直，否则，将使测量杆活动不灵或测量结果不准确。

⑤ 为方便读数，在测量前一般都让大指针指到刻度盘的零位。

5. 工件的翻面对刀的原理

① 工件翻面夹紧，并把百分表用刀柄装在机床主轴上。

② 把百分表移到工件左边，轻碰工件左边已加工表面，用手旋转百分表，记住百分表最大的读数，此位置坐标值为"X_1"。

③ 把百分表移到工件右边，轻碰工件右边已加工表面，用手旋转百分表，让百分表的最大的读数与左边相同，此位置坐标值为"X_2"，$(X_1+X_2)/2$ 的坐标值即为工件 X 轴方向的中点。

④ Y 轴百分表对刀原理类似于 X 轴，把工件后边位置坐标值为"Y_1"，工件前边位置坐标值为"Y_2"，$(Y_1+Y_2)/2$ 的坐标值即为工件 Y 轴方向的中点。

⑤ *Z* 轴对刀换铣刀直接碰工件上表面，即找到工件加工坐标原点。

引导问题：

随着现代机械加工技术的发展，数控加工技术逐渐走进人们的视线，由于它可以解决零件品种多变、批量大、形状复杂的问题且具有高效化、自动化和高精度的特点，因而备受人们的青睐，而数控加工是通过程序控制实现的，这就需要进行数控编程。对于复杂零件的数控编程，利用手工编程是很困难的甚至根本无法完成编程进行加工，而编程软件是一把编程的利器，其中 NX 是一款应用广泛、功能强大的编程软件。NX 软件是美国 EDS 公司开发的一套集 CAD/CAE/PDM/PLM 于一体的软件集成系统，是计算机辅助设计、分析和制造软件，广泛应用于航天、汽车、造船、通用机械和电子等工业领域。NX 提供了一个基于过程的产品设计环境，使产品开发从设计到加工真正实现了数据的无缝集成，从而优化了企业的产品设计与制造。

二、 NX 软件使用简介

1. 草图

NX 是一种基于参数化的设计软件，其草图是建模的基础，草图建模极容易修改。打开 NX 10 软件，如图 5-3 所示。进入草图工作界面的方式有：单击"直接草图"工具条中的" 草图"命令或单击菜单栏中的"插入"→单击"草图"命令或单击"特征"工具条上的" 在任务环境下绘制草图"命令，打开图 5-4 所示的"创建草图"对话框，选择合适的平面后即进入草图环境，如图 5-5 所示。

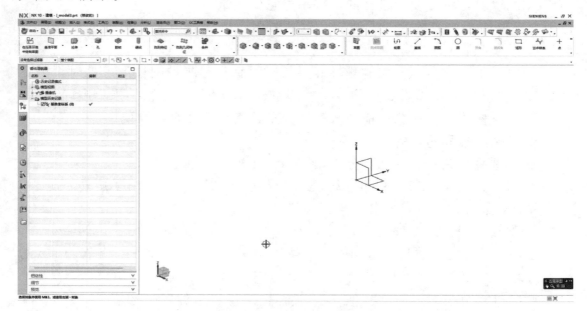

图 5-3　NX 10 软件界面

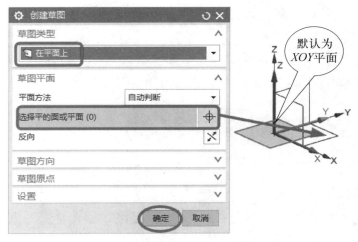

图 5-4　"创建草图" 对话框

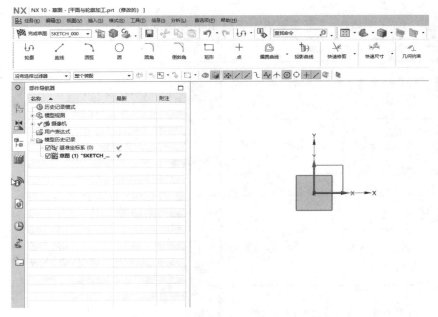

图 5-5　"创建草图" 环境

（1）"直接草图" 工具条

"直接草图" 工具条如图 5-6 所示，包含轮廓、直线、圆弧、矩形、偏置曲

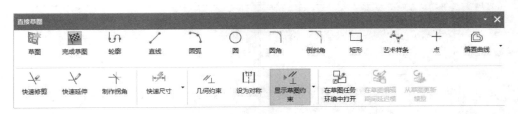

图 5-6　"直接草图" 工具条

线等 10 多种绘图及编辑命令，以及草图尺寸约束、位置约束等命令。

（2）尺寸约束

"自动判断尺寸"下拉菜单如图 5-7 所示，主要包括水平、垂直等 8 种尺寸约束，对选定的对象创建尺寸约束，菜单中的按钮功能含义见表 5-1。

图 5-7 "自动判断尺寸"下拉菜单

表 5-1 "直接草图"工具条中常用按钮的功能含义

命令按钮	功能含义	命令按钮	功能含义
轮廓	以线串模式创建一系列连接的直线或圆弧	几何约束	将几何约束添加到几何图形中，指定并保持用于草图几何图形或草图几何图形之间的条件
直线	用约束自动判断创建直线	快速修剪	以任一方向将曲线修剪到最近的交点的边界
圆弧	通过三点或通过指定其中心和端点创建圆弧	快速延伸	将曲线延伸到另一相邻曲线或选定的边界
圆	通过三点或通过指定其中心和直径创建圆	偏置曲线	偏置位于草图平面上的曲线链
圆角	在两条或三条直线之间创建圆角	阵列曲线	阵列位于草图平面上的曲线链
倒斜角	在两条草图线之间的尖角处倒斜角	镜像曲线	创建位于草图平面上的曲线链的镜像图样
矩形	用三种方法中的任意一种创建矩形	派生直线	在两条平行直线中间创建一条与另一条直线平行的直线或在两条不平行直线之间创建一条平分线
艺术样条	通过拖放定义点或极点并在定义点指派斜率或曲率的约束动态创建和编辑样条	添加现有曲线	将现有的共面曲线和点添加到草图中

续表

命令按钮	功能含义	命令按钮	功能含义
快速尺寸	通过基于选定的对象和光标的位置自动判断尺寸类型来创建尺寸约束	交点	在曲线和草图平面之间创建一个交点
自动标注尺寸	根据设置的规则在曲线上自动创建尺寸	相交曲线	在面和草图平面之间创建相交曲线
角度尺寸	在两条不平行的直线之间创建角度约束	投影曲线	沿草图平面的法向将曲线、边或点（草图外部）投影到草图上
径向尺寸	在圆弧或圆之间创建半径约束	自动约束	设置自动施加于草图的几何约束类型
周长尺寸	创建周长约束以控制选定直线或圆弧的长度	设为对称	将两个点或曲线约束为相对于草图上的对称线对称
点	创建草图点	转换至/自参考对象	将草图曲线或草图尺寸从活动转换为参考，或者反过来。下游命令（例如拉伸）不使用参考曲线，已转换为参考的尺寸不控制草图几何图形

（3）几何约束

将几何约束添加到几何图形中。单击该命令后，打开如图 5-8 所示的对话框，约束主要类型有：共点、点在曲线上、相切、平行、垂直、水平、竖直、中点、共线、同心、等长、等半径、固定等。进行几何约束时，首先"选择要约束的对象"，再"选择要约束到的对象"即可完成。

图 5-8 "几何约束"对话框

2. NX 10 加工模块简介

NX 10 加工模块具有强大的数控编程功能，能够编写铣削、钻削、车削、线切割等加工刀轨并能处理 NC 数据。NX 10 加工模块加工环境如下。

在建模环境下，单击"启动" ![启动]按钮→"加工"命令，或单击"应用模块"工具条中的"加工"命令，或按 Ctrl＋Alt＋M 快捷键即可进入"加工环境"初始对话框，如图 5-9 所示。选择"要创建的 CAM 设置"选项后，单击"确定"按钮，即可进入加工环境，加工环境界面如图 5-10 所示，CAM 设置选项见表 5-2。

图 5-9 "加工环境"初始对话框

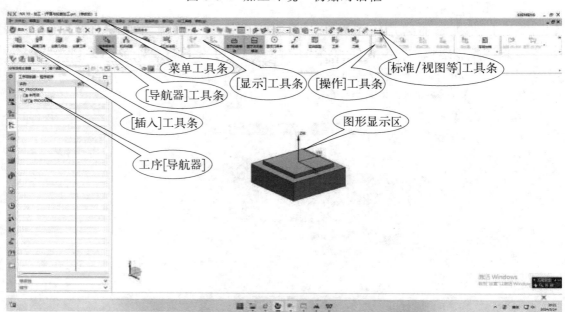

图 5-10 加工环境界面

表 5-2　常用要创建的加工 CAM 设置含义与应用

设置选项	名称	应用
mill_planar	平面铣	用于钻、平面粗铣、半精铣、精铣
mill_contour	轮廓铣	用于钻、平面铣，固定轴轮廓铣的粗铣、半精铣、精铣
mill_multi_axis	多轴铣	用于钻、平面铣，固定轴轮廓铣、可变轴轮廓铣的粗铣、半精铣、精铣
drill	钻削	用于钻孔、铰孔
hole_making	孔加工	用于钻孔
tuning	车削加工	用于车削
wire_edm	线切割加工	用于线切割加工
maching_knowledge	加工知识	用于钻、锪、铰、镗孔，埋头孔加工及型腔铣、面铣和攻螺纹

【任务实施】

一、工艺分析

半圆薄壁零件铣削步骤见表 5-3。

表 5-3　半圆薄壁零件铣削步骤

步骤	内容	选用刀具	加工方式	加工余量 /mm
1	粗铣底平面	T1D12	底壁加工 IPW-[FLOOR_WALL_IPW]	0
2	粗铣底面轮廓外形	T1D12	平面铣-[PLANAR_MILL]	0.2
3	精铣底面轮廓外形	T1D12	平面铣-[PLANAR_MILL]	0
4	粗铣上平面	T1D12	底壁加工-[FLOOR_WALL_IPW]	0.3
5	精铣上平面	T1D12	底壁加工-[FLOOR_WALL_IPW]	0
6	粗铣回形槽、方形槽	T2D8	底壁加工-[FLOOR_WALL_IPW]	0.3
7	半精铣回形槽、方形槽	T2D8	底壁加工-[FLOOR_WALL_IPW]	0.1
8	精铣回形槽、方形槽	T2D8	底壁加工-[FLOOR_WALL_IPW]	0
9	钻 $\phi6$ 孔	T3DRD6	钻孔-[DRILLING]	0

二、建模

半圆薄壁零件建模步骤见表 5-4。

表 5-4　半圆薄壁零件建模步骤

说明	图解
① 新建文件:半圆薄壁件。启动 NX 10 软件,输入文件名如:半圆薄壁件,选择文件夹:G:\数控铣削编程与加工\项目五:半圆薄壁零件\,如图 5-11 所示,单击"确定"按钮,进入建模环境	 图 5-11　新建文件:半圆薄壁件
② 进入草图环境:工作图层改为 21 图层,单击"直接草图"工具条中的"草图"命令",选择"XOY"基准平面,进入草图环境,如图 5-12 所示	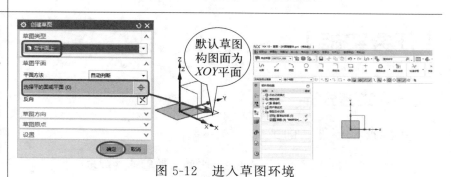 图 5-12　进入草图环境
③ 绘制图 5-13 所示草图,单击"完成草图"按钮 → 返回建模环境	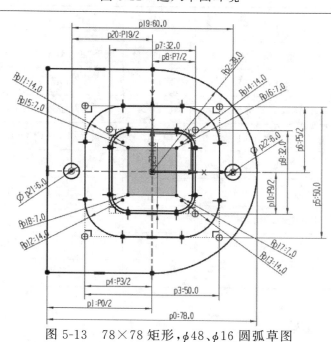 图 5-13　78×78 矩形,$\phi48$、$\phi16$ 圆弧草图

续表

说明	图解
④ 单击"完成草图" 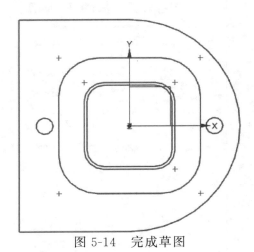 图" 按钮，完成草图绘制，如图5-14所示	图5-14　完成草图
⑤ 拉伸半圆体：在实用工具条中把工作图层改为1层，曲线规则选择"相连曲线" 相连曲线 → 单击"拉伸" 拉伸 按钮→选择半圆矩形曲线、两个φ6圆弧→开始距离：0；结束距离：28→单击"指定方向" 按钮调整方向→单击"应用"，如图5-15所示	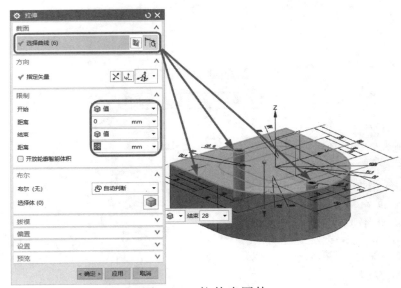 图5-15　拉伸半圆体

续表

说明	图解
⑥ 选择 50×50 矩形→开始距离:0;结束距离:7→单击"指定方向" 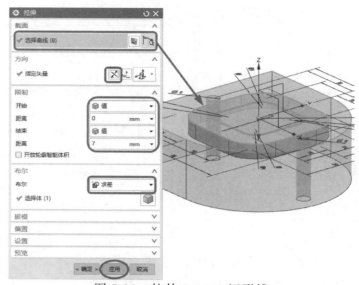 按钮调整方向→布尔选择"求差"→单击"应用",如图 5-16 所示	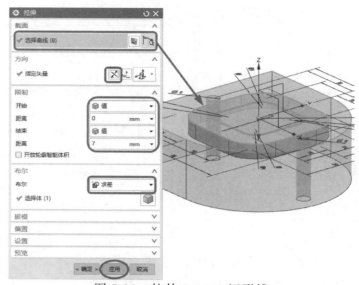 图 5-16　拉伸 50×50 矩形槽
⑦ 拉伸薄壁:曲线规则选择"相连曲线" 相连曲线　→ 截面选择 66×66 矩形和 φ16 圆弧→开始距离:11;结束距离:16;布尔选择:求和→单击"应用",如图 5-17 所示	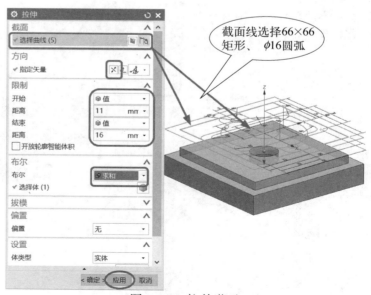 图 5-17　拉伸薄壁

说明	图解
⑧拉伸薄壁:曲线规则选择"相连曲线" 相连曲线 ↑↑,打开"在相交处打断" ↑↑ 按钮,截面线选择凸台曲线、$\phi16$圆弧→开始距离:0;结束距离:7;布尔选择:求和→单击"确定"完成建模,如图5-18所示	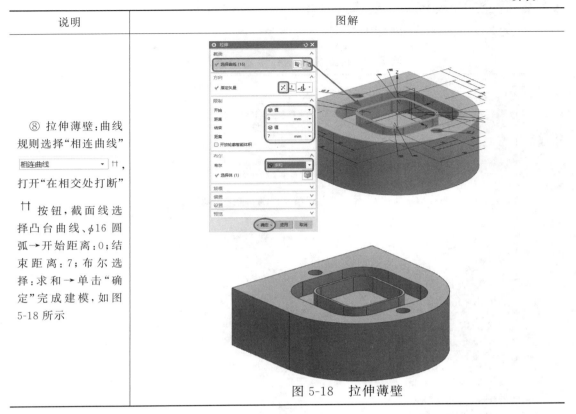 图5-18 拉伸薄壁

三、铣削半圆薄壁零件编程加工

1. 进入平面铣加工环境

进入平面铣加工环境,见表5-5。

表5-5 进入平面铣加工环境

说明	图解
单击"标准"工具条中的"开始"→"加工"命令即可进入"加工环境"。选择要创建的CAM设置"mill_planar"选项后,单击"确定"按钮,即可进入加工环境界面,如图5-19所示	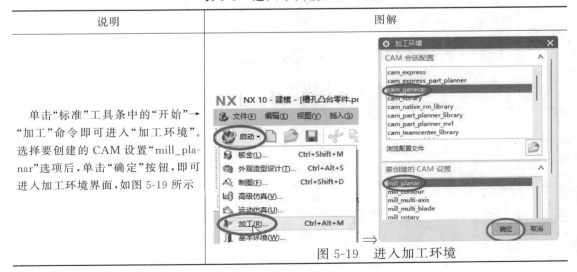 图5-19 进入加工环境

2. 建立加工坐标系、创建几何体

建立加工坐标系、创建几何体，见表 5-6。

表 5-6　建立加工坐标系、创建几何体

步骤	说明	图解
（1）建立加工坐标系	在导航器工具条上单击"几何视图" 按钮，在工序导航器上单击"＋"号，双击"MCS_MILL"图标。→ 在弹出的"MCS 铣削"对话框中单击"CSYS" 按钮→在"CSYS"对话框中的类型选择"动态"，选择工件左上角点为坐标原点，并调整 X、Y 轴方向→单击"确定"→单击"确定"，如图 5-20 所示	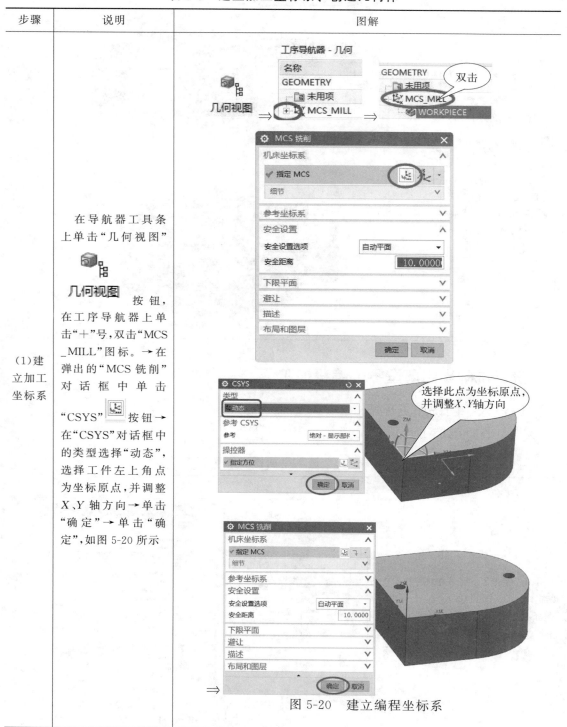 图 5-20　建立编程坐标系

续表

步骤	说明	图解
（2）创建部件与毛坯	① 在"工件导航器-几何"中双击"WORKPIECE"图标→在弹出的"工件"对话框中单击"选择或编辑部件几何体" 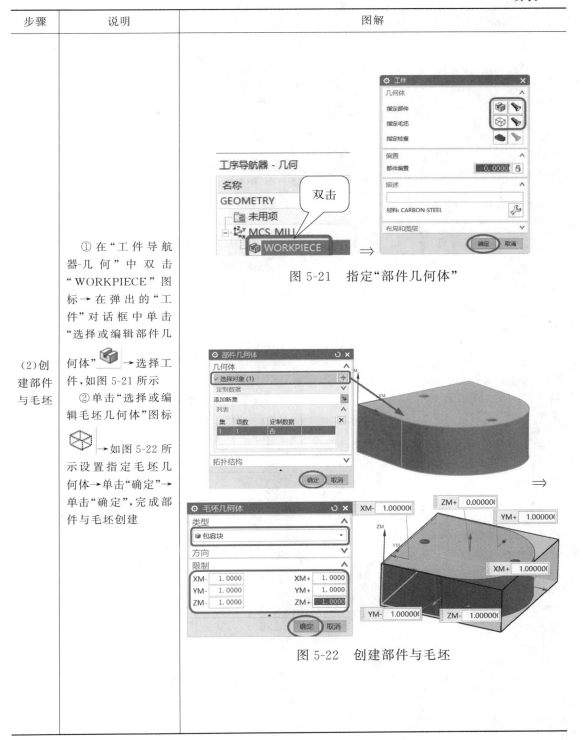 →选择工件，如图5-21所示 ② 单击"选择或编辑毛坯几何体"图标 →如图5-22所示设置指定毛坯几何体→单击"确定"→单击"确定"，完成部件与毛坯创建	

图 5-21　指定"部件几何体"

图 5-22　创建部件与毛坯

3. 创建刀具

创建 $\phi12$、$\phi8$ 平刀、$\phi6$ 钻头，见表 5-7。

表 5-7　创建刀具

说明	图解
①在导航器工具条上单击"机床视图"机床视图 按钮→单击"创建刀具" 创建刀具 按钮→在弹出的对话框中的类型选择平面加工"mill_planar"，在名称处输入"T1D12"→刀具子类型选择铣刀"Mill"→单击"应用"修改刀具参数：直径"12"、刀刃"4"、刀具号"1"、补偿号"1"→单击"确定"→返回到创建刀具界面，如图5-23所示　②在刀具名称中输入"T2D8"→单击"应用"→修改刀具参数：直径"φ8"、刀刃"4"、刀具号"2"、补偿号"2"→单击"确定"→返回到创建刀具界面，如图5-24所示	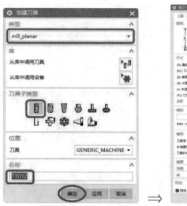 图 5-23　创建 T1D12 平刀 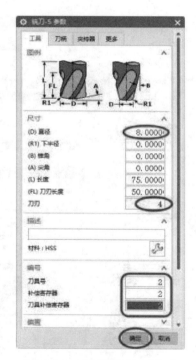 图 5-24　创建 T2D8 平刀

说　明	图　解
③刀具子类型选择钻头"drill"→修改刀具名称为"T3DRD6"→修改刀具参数：直径"6"、刀刃"2"、刀具号"3"、补偿号"3"→单击"确定"，如图 5-25 所示	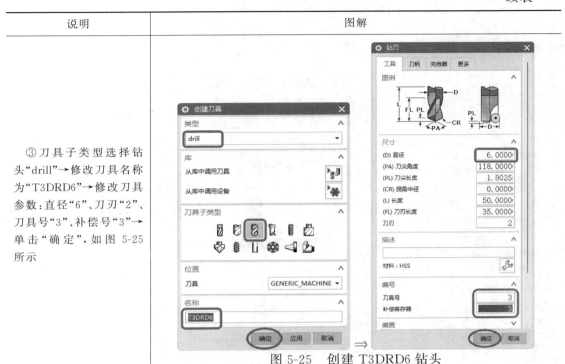 图 5-25　创建 T3DRD6 钻头

4. 创建粗铣底平面刀轨

创建粗铣底平面刀轨，见表 5-8。

表 5-8　创建粗铣底平面刀轨

说　明	图　解
①在导航器工具条上单击"程序顺序视图" **程序顺序视图** 按钮→单击 **创建工序** 按钮→在弹出的"创建工序"对话框中类型选择"mill_planar"、工序子类型选择"底壁加工"、位置参数的程序选择"PRO-GRAM"、刀具选择"T1D12"、几何体选择"WORKPIECE"；名称默认"FLOOR_WALL_IPW"→单击"确定"→弹出"底壁加工 IPW-[FLOOR_WALL_IPW]"对话框，如图 5-26 所示	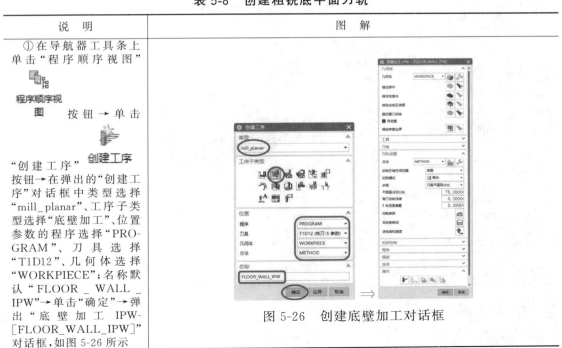 图 5-26　创建底壁加工对话框

续表

说　明	图　解
②在"底壁加工 IPW-[FLOOR_WALL_IPW]"对话框中单击"指定切削区域底面" 按钮→选择底平面→单击"确定"→单击"确定"→切削模式选择"往复" ③单击"进给率和速度" 按钮→在进给率和速度对话框中，主轴速度输入"3200"、进给率输入"1000"→单击"确定"，如图 5-27 所示	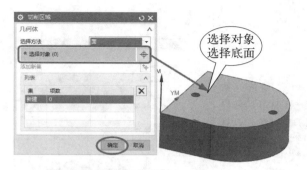 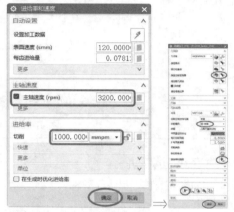 图 5-27　进给率和速度
④单击"生成" 按钮→生成粗铣底平面加工刀轨，如图 5-28 所示	 图 5-28　生成粗铣底平面加工刀轨

5. 创建粗铣底面轮廓外形刀轨

创建粗铣底面轮廓外形刀轨，见表 5-9。

表 5-9　粗铣底面轮廓外形刀轨

说明	图解
①创建粗铣底面轮廓外形刀轨：在导航器工具条上单击"创建工序" 创建工序 按钮→在弹出的"创建工序"对话框中类型选择"mill_planar"、工序子类型选择"平面加工"、位置参数的程序选择"PROGRAM"、刀具选择"T1D12"、几何体选择"WORKPIECE"；名称默认为平面铣"PLANAR_PROFILE"→单击"确定"→弹出"平面轮廓铣-[PLANAR_PROFILE]"对话框，如图 5-29 所示	 图 5-29　创建粗铣底面轮廓外形刀轨
②指定部件边界：在"平面铣-[PLANAR_PROFILE]"对话框中单击"指定边界" 按钮→在"边界几何体"对话框中的"模式"选择"曲线/边"→弹出"创建边界"对话框→"类型"选择"封闭"、"刨"选择"自动"、"材料"选择"内部"、"刀具位置"选择"相切"→点选"成链"按钮→弹出"成链"对话框→分别选择两条首尾相接的两条边线→单击"确定"按钮→返回到"创建边界"对话框→单击"确定"按钮→返回到"边界几何体"对话框→弹出"编辑几何体"→单击"确定"按钮→返回到"平面铣-[PLANAR_PRO-FILE]"对话框，如图 5-30 所示	    图 5-30　创建外形加工边界

说明	图解
③指定底面：在"平面铣-[PLANAR_PROFILE]"对话框中单击"指定底面"按钮→在弹出的"刨"对话框中选择图5-31所示底面→在偏置距离中输入"-25"（此值根据实际装夹确定）→单击"确定"→单击"确定"→返回至"平面铣-[PLANAR_PROFILE]"对话框	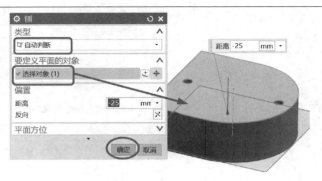 图5-31　指定底面
④切削模式：选择"轮廓" ⑤切削层设置：单击"切削层"按钮→弹出"切削层"对话框→切削深度选择"恒定"→在"公共"处输入"1"→单击"确定"→返回至"平面铣-[PLANAR_PROFILE]"对话框，如图5-32所示	 图5-32　切削层设置
⑥切削参数设置：单击"切削参数"按钮→单击"余量"项→在"部件余量"输入0.2→单击"确定"，如图5-33所示	 图5-33　切削参数设置

续表

说明	图解
⑦非切削移动：单击"非切削移动"  按钮→弹出"非切削移动"对话框→单击"进刀"项→进刀类型选择"圆弧"→单击"确定"→返回至"平面铣-[PLANAR_PROFILE]"对话框，如图5-34所示	图 5-34　非切削移动
⑧设定主轴转速：单击"进给率和速度"  按钮→在"进给率和速度"对话框中主轴速度输入"3200"、进给率输入"1000"→单击"确定"→返回至"平面铣-[PLANAR_PROFILE]"对话框，如图5-35所示	图 5-35　进给率和速度
⑨单击"确定" → 生成粗铣底面轮廓刀轨，如图5-36所示	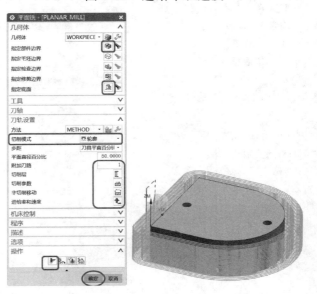 图 5-36　生成粗铣底面轮廓外形刀轨

6. 创建精铣底面轮廓外形刀轨

创建精铣底面轮廓外形刀轨，见表 5-10。

表 5-10　创建精铣底面轮廓外形刀轨

说明	图解
①复制刀轨：点选"PLANAR_MILL"刀轨→按鼠标右键→选择"复制"；	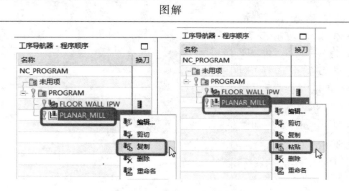图 5-37　复制、粘贴粗铣底面轮廓外形刀轨
②粘贴刀轨：点选"PLANAR_MILL"刀轨→按鼠标右键→选择"粘贴"→得到"PLANAR_MILL_COPY"刀轨，如图 5-37 所示 ③切削层设置：双击刚粘贴的"PLANAR_MILL_COPY"刀轨→在弹出的"平面铣-[PLANAR_MILL_COPY]"对话框中单击"切削层" 按钮→弹出"切削层"对话框→切削层类型选择"仅底面"→单击"确定"→回到"平面铣-[PLANAR_MILL_COPY]"对话框，如图 5-38 所示	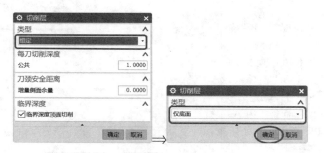图 5-38　切削层设置
④单击"切削参数" 按钮→单击"余量"项→在"部件余量"输入：0→单击"确定"，如图 5-39 所示	图 5-39　切削参数设置

续表

说明	图解
⑤设定主轴转速：单击"进给率和速度" 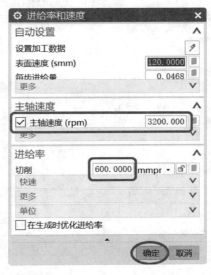 按钮→在"进给率和速度"对话框中主轴速度输入"3200"、进给率输入"600"→单击"确定"→返回至"平面铣-[PLANAR_MILL]"对话框，如图 5-40 所示	图 5-40　进给率和速度设置
⑥单击"确定"按钮→生成精铣底面轮廓外形刀轨，如图 5-41 所示	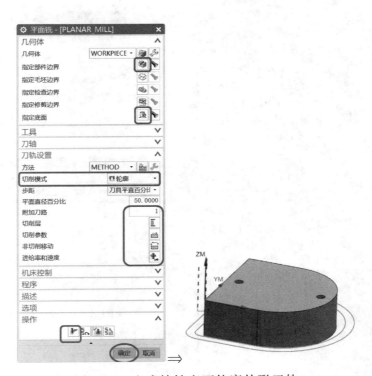 图 5-41　生成精铣底面轮廓外形刀轨

7. 创建粗铣上平面刀轨

创建粗铣上平面刀轨，见表 5-11。

表 5-11　创建粗铣上平面刀轨

步骤	说明	图解
（1）创建上平面加工坐标系	在"工具条：导航器"上单击"几何视图" 图" 几何视图 按钮→在"工具条：插入"工具条上单击"创建几何体" 创建几何体 按钮→在弹出的"创建几何体"对话框中的"几何体子类型"选择"MCS"；几何体选择"WORKPIECE"→单击"确定"→弹出"MCS"对话框→单击"CSYS" 按钮→弹出"CSYS"对话框→在"类型"项选择"动态"→选择工件上平面前左上角→单击"确定"→单击"确定"完成正上平面加工坐标系创建，如图 5-42 所示	 图 5-42　创建上平面加工坐标系

步骤	说明	图解
（2）创建上平面粗铣加工工序	① 在导航器工具条上单击"程序顺序程序顺序视视图"图按钮→单击"创建工序"创建工序按钮→在弹出的"创建工序"对话框中类型选择"mill_planar"、工序子类型选择"底壁加工"、位置参数的程序选择"PROGRAM"、刀具选择"T1D12"、几何体选择"WORKPIECE"；名称默认"FLOOR_WALL_IPW_1"→单击"确定"→弹出"底壁加工 IPW-〔FLOOR_WALL_IPW_1〕"对话框，如图5-43所示 ② 指定切削区域：在"底壁加工-〔FLOOR_WALL_IPW_1〕"对话框中单击"指定切削区域底面"按钮→选择底平面→单击"确定"，如图5-44所示 ③ 指定切削模式：在"底壁加工-〔FLOOR_WALL_IPW_1〕"对话框中切削模式选择"往复" ④ 单击"切削参数"按钮→弹出"切削参数"对话框→最终底面余量：0.3→单击"确定"返回，如图5-45所示	 图5-43　创建上平面粗铣加工工序 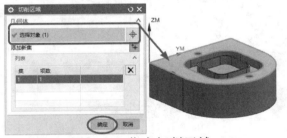 图5-44　指定切削区域  图5-45　切削参数

步骤	说明	图解
（2）创建上平面粗铣加工工序	⑤单击"进给率和速度"  按钮→在进给率和速度对话框中主轴速度输入"3200"、进给率输入"1000"→单击"确定"，如图 5-46 所示	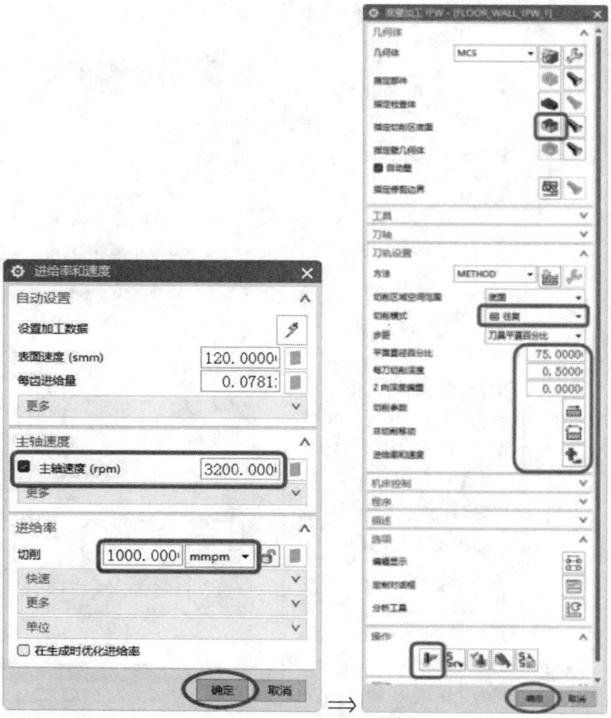 图 5-46　进给率和速度
	⑥单击"确定"  按钮→生成粗铣上平面刀轨。如图 5-47 所示	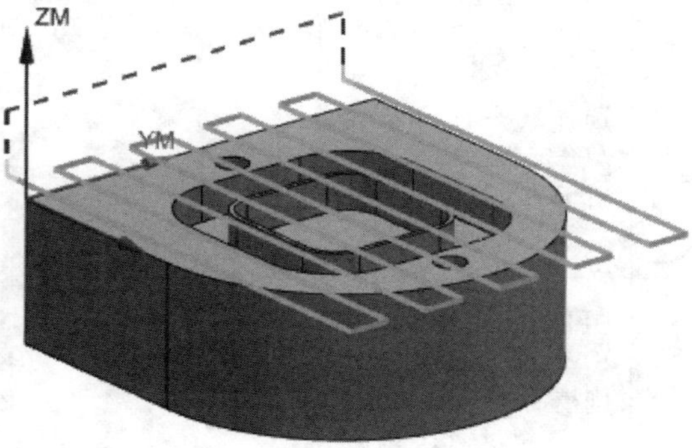 图 5-47　生成粗铣上平面刀轨

8. 创建精铣上平面刀轨

创建精铣上平面刀轨，见表 5-12。

表 5-12 创建精铣上平面刀轨

说明	图解
① 复制刀轨：点选 "FLOOR_WALL_IPW_1" 刀轨→按鼠标右键→选择 "复制" ② 粘贴刀轨：点选 "FLOOR_WALL_IPW_1"刀轨→按鼠标右键→选择"粘贴""FLOOR_WALL_IPW_1_COPY"刀轨，如图 5-48 所示	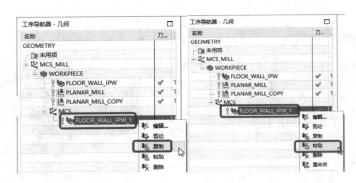 图 5-48 复制、粘贴刀轨
③切削参数设置：双击刚粘贴的"FLOOR_WALL_IPW_1_COPY"刀轨→弹出"底壁加工IPW-[FLOOR_WALL_IPW_1_COPY]"对话框→单击"切削参数" 按钮→弹出"切削参数"对话框→单击"余量"项→在"部件余量"输入:0→单击"确定"返回，如图 5-49 所示	 图 5-49 切削参数设置
④设定进给率和速度：单击"进给率和速度" 按钮→在"进给率和速度"对话框中主轴速度输入"3200"、进给率输入"600"→单击"确定"→返回至"平面铣-[PLANAR_MILL]"对话框，如图 5-50 所示	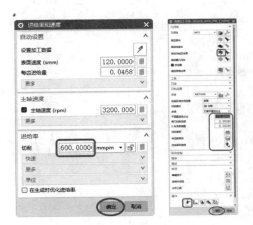 图 5-50 设定进给率和速度

说明	图解
⑤单击"确定"按钮→生成精铣上平面刀轨,如图 5-51 所示	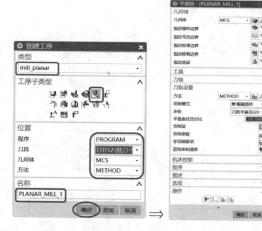 图 5-51　生成精铣上平面刀轨

9. 创建粗铣上平面轮廓外形刀轨

创建粗铣上平面轮廓外形刀轨,见表 5-13。

表 5-13　创建粗铣上平面轮廓外形刀轨

说明	图解
①创建粗铣上平面轮廓外形刀轨:在导航器工具条上单击"创建工序" 创建工序 按钮→在弹出的"创建工序"对话框中类型选择"mill_planar"、工序子类型选择"平面铣" 、位置参数的程序选择"PROGRAM"、刀具选择"T1D12"、几何体选择"MCS";名称默认为"PLANAR_MILL_1"→单击"确定"→弹出"平面铣-[PLANAR_MILL_1]"对话框,如图 5-52 所示	图 5-52　创建粗铣上平面轮廓外形刀轨

说明	图解
②指定部件边界：在"平面铣-[PLANAR_MILL_1]"对话框中单击"指定边界"按钮→在"边界几何体"对话框中的"模式"选择"曲线/边"→在"创建边界"对话框中点选"成链"对话框中单击"链接"按钮→弹出"成链"对话框→分别选择两条首尾相接的两条边线→单击"确定"按钮→返回到"创建边界"对话框→单击"确定"按钮→返回到"边界几何体"对话框→弹出"编辑几何体"→单击"确定"按钮→返回到"平面铣-[PLANAR_MILL_1]"对话框，如图5-53所示	 ⇒  ⇒  ⇒ ⇒  ⇒  ⇒ 图 5-53　创建外形加工边界
③指定底面："平面铣-[PLANAR_MILL_1]"对话框单击"指定底面"按钮→在弹出的"刨"对话框中选择图5-54所示底面→在偏置距离中输入"-5"（此值根据实际装夹确定）→单击"确定"→单击"确定"→返回至"平面铣-[PLANAR_MILL_1]"对话框	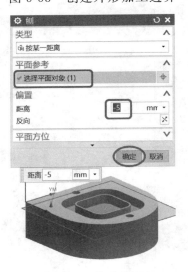 图 5-54　指定底面

说明	图解
④切削模式：选择"轮廓" ⑤切削层设置：单击"切削层" 按钮→弹出"切削层"对话框→切削深度选择"恒定"→在"公共"处输入"1"→"确定"→返回至"平面铣-[PLANAR_MILL_1]"对话框，如图5-55所示	 图 5-55　切削层设置
⑥切削参数设置：单击"切削参数" 按钮→单击"余量"项→在"部件余量"输入：0.2→单击"确定"，如图5-56所示	 图 5-56　切削参数设置
⑦非切削移动：单击"非切削移动" 按钮→弹出"非切削移动"对话框→点选"进刀"项→进刀类型选择"圆弧"→单击"确定"→返回至"平面铣-[PLANAR_MILL_1]"对话框，如图5-57所示	 图 5-57　非切削移动

续表

说明	图解
⑧设定主轴转速:单击"进给率和速度"  按钮→在"进给率和速度"对话框中主轴速度输入"3200"、进给率输入"1000"→单击"确定"→返回至"平面铣-[PLANAR_MILL_1]"对话框,如图5-58所示	图 5-58 进给率和速度
⑨单击"确定"  →生成粗铣上平面轮廓外形刀轨,如图5-59所示	图 5-59 生成粗铣上平面轮廓外形刀轨

10. 创建精铣上平面轮廓外形刀轨

创建精铣上平面轮廓外形刀轨,见表5-14。

表 5-14 创建精铣上平面轮廓外形刀轨

说明	图解
①复制刀轨:点选"PLANAR_MILL"刀轨→按鼠标右键→选择"复制" ②粘贴刀轨:点选"PLANAR_MILL"刀轨→按鼠标右键→选择"粘贴"→得到"PLANAR_MILL_1_COPY"刀轨,如图5-60所示	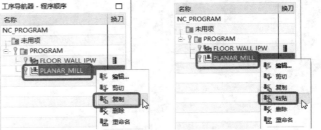 图 5-60 复制、粘贴粗铣底面轮廓刀

说明	图解

③切削层设置：双击刚粘贴的"PLANAR_MILL_1_COPY"刀轨→在弹出的"平面铣-[PLANAR_MILL_1_COPY]"对话框中单击"切削层" 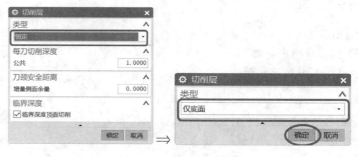 按钮→弹出"切削层"对话框→切削层类型选择"仅底面"→单击"确定"→"平面铣-[PLANAR_MILL_1_COPY]"对话框，如图5-61所示

图 5-61　切削层设置

④单击"切削参数"  按钮→单击"余量"项→在"部件余量"输入：0→单击"确定"，如图5-62所示

⑤将"平面铣-[PLANAR_MILL]"对话框中"附加刀轨"改为："0"

图 5-62　切削参数设置

⑥设定主轴转速：单击"进给率和速度" 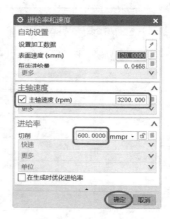 按钮→在"进给率和速度"对话框中主轴速度输入"3200"、进给率输入"600"→单击"确定"→返回至"平面铣-[PLANAR_MILL]"对话框，如图5-63所示

图 5-63　进给率和速度设置

说明	图解
⑦单击"确定" 按钮→生成精铣上平面轮廓外形刀轨，如图 5-64 所示	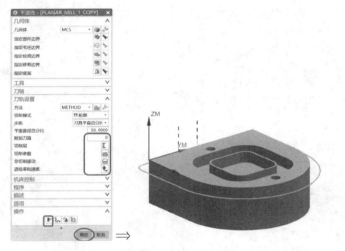 图 5-64　精铣上平面轮廓外形刀轨

11. 创建粗铣回形槽、方形槽刀轨

创建粗铣回形槽、方形槽刀轨，见表 5-15。

表 5-15　创建粗铣回形槽、方形槽刀轨

说明	图解
①在导航器工具条上单击"程序顺序视图" 按钮→单击"创建工序" 创建工序 按钮→在弹出的"创建工序"对话框中类型选择"mill_planar"、工序子类型选择"底壁加工"、位置参数的程序选择"PROGRAM"、刀具选择"T2D8"、几何体选择"MCS"；名称默认为"FLOOR_WALL_IPW_2"→单击"确定"→弹出"底壁加工-[FLOOR_WALL_IPW_2]"对话框，如图 5-65 所示	 图 5-65　创建上平面粗铣加工工序

续表

说明	图解
②指定切削区域:在"底壁加工-[FLOOR_WALL_IPW_2]"对话框中单击"指定切削区底面"  按钮→选择底平面→单击"确定"→单击"确定",如图5-66所示 ③指定切削模式:在"底壁加工-[FLOOR_WALL_IPW_1]"对话框中切削模式选择"跟随周边" **跟随周边** →"每刀切削深度"设为0.25	 图 5-66　指定切削区域
④单击"切削参数"  按钮→弹出"切削参数"对话框→最终底面余量:0.2→单击"确定"返回,如图5-67所示	 图 5-67　切削参数
⑤单击"非切削移动"  按钮→弹出"非切削移动"对话框→点选"进刀"项→"斜坡角"修改为5;→单击"确定"返回,如图5-68所示	 图 5-68　非切削移动参数

续表

说明	图解
⑥单击"进给率和速度"按钮→在进给率和速度对话框中主轴速度输入"3800"、进给率输入"2000"→单击"确定",如图5-69所示	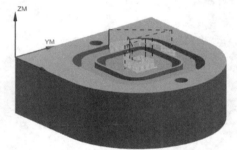 图 5-69　进给率和速度
⑦单击"生成"按钮→生成粗铣回形槽、方形槽刀轨,如图5-70所示	图 5-70　生成粗铣回形槽、方形槽刀轨

12. 创建精铣回形槽、方形槽刀轨

创建精铣回形槽、方形槽刀轨,见表5-16。

表 5-16　创建精铣回形槽、方形槽刀轨

说明	图解
①复制刀轨:点选"FLOOR_WALL_IPW_2"刀轨→按鼠标右键→选择"复制" ②粘贴刀轨:点选"FLOOR_WALL_IPW_2"刀轨→按鼠标右键→选择"粘贴"→得到"FLOOR_WALL_IPW_2_COPY"刀轨,如图5-71所示	图 5-71　创建精铣回形槽、方形槽刀轨加工工序

说明	图解
③切削参数设置：双击刚粘贴的"FLOOR_WALL_IPW_2_COPY"刀轨→将弹出的"底壁加工 IPW-[FLOOR_WALL_IPW_2_COPY]"对话框中"每刀切削深度"设为 0.25，如图 5-72 所示	 图 5-72　"底壁加工 IPW-[FLOOR_WALL_IPW_2_COPY]"对话框
④单击"切削参数" 按钮→弹出"切削参数"对话框→壁余量修改为：0；最终底面余量修改为：0→单击"确定"返回，如图 5-73 所示	 图 5-73　切削参数
⑤单击"进给率和速度" 按钮→在进给率和速度对话框中主轴速度输入"3800"、进给率输入"600"→单击"确定"，如图 5-74 所示	 图 5-74　进给率和速度

说明	图解
⑥单击"确定" [按钮]按钮→生成精铣回形槽、方形槽刀轨，如图 5-75 所示	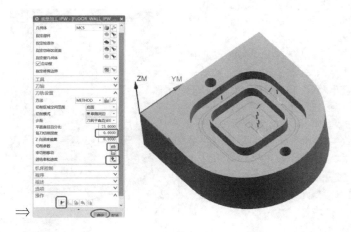 图 5-75 生成精铣回形槽、方形槽刀轨

13. 创建钻 φ6 孔刀轨

创建钻 φ6 孔刀轨，见表 5-17。

表 5-17 创建钻 φ6 孔刀轨

说明	图解
①创建工序：在导航器工具条上单击"创建工序" 创建工序 按钮→在弹出的"创建工序"对话框中"类型"选择"drill"、"工序子类型"选择"定心钻"、"位置"参数："程序"选择"PROGRAM"、"刀具"选择"T3DRD6（钻刀）"、"几何体"选择"MCS"；名称默认"DRILLING"→单击"确定"→弹出"钻孔-[DRILLING]"对话框，如图 5-76 所示	图 5-76 钻孔-DRILLING 对话框

说明	图解
②指定孔：在"钻孔-[DRILL-ING]"对话框单击"指定孔" ![按钮] 按钮→弹出"点到点几何体"对话框→单击"选择"按钮→弹出"名称"对话框→单击"一般点"按钮→单击"点"对话框→单击"选择对象"，选择2个圆心点→单击"确定"→单击"确定"→单击"确定"→单击"确定"→返回至"钻孔-[DRILL-ING]"对话框，如图5-77所示	  图5-77 指定孔
③指定顶面：在"钻孔-[DRILLING]"对话框中单击"指定顶面" ![按钮] 按钮→弹出"顶面"对话框→"顶面选项"选择"面"；选择上平面→单击"确定"→返回至"定心钻-SPOT_DRILLING"对话框，如图5-78所示	 图5-78 指定顶面

续表

说明	图解
④ 指定底面：在"钻孔-[DRILLING]"对话框中单击"指定底面" <img_button> 按钮→弹出"底面"对话框→"底面选项"选择"面"；选择底平面→单击"确定"→返回至"定心钻-SPOT_DRILLING"对话框，如图 5-79 所示	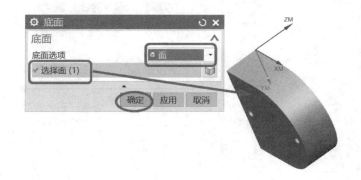图 5-79　指定底面
⑤ 设置循环参数：在"钻孔-[DRILLING]"对话框中的"循环"项单击"循环参数" <img_button> 按钮→弹出"指定参数组"对话框→单击"确定"按钮→弹出"Cycle 参数"对话框→单击"Depth-模型深度"按钮→弹出"Cycle 深度"对话框→选择"穿过底面"→单击"确定"按钮→单击"确定"按钮→返回至"钻孔-[DRILLING]"对话框，如图 5-80 所示	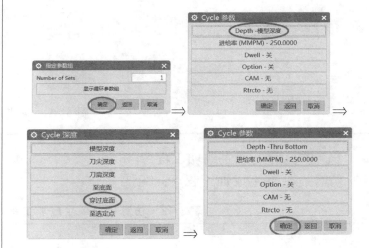图 5-80　设置循环参数
⑥ 在"钻孔-[DRILLING]"对话框中单击"进给率和速度" <img_button> 按钮→在弹出的"进给率和速度"对话框中"主轴速度"设为"600"；进给率设为"60"→单击"确定"→返回至"定心钻-SPOT_DRILLING"对话框，如图 5-81 所示	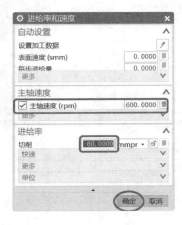图 5-81　设置进给率和速度

续表

说明	图解
⑦ 在"钻孔-[DRILLING]"对话框中单击"确定" 按钮→生成钻 $\phi6$ 孔刀轨,如图5-82所示	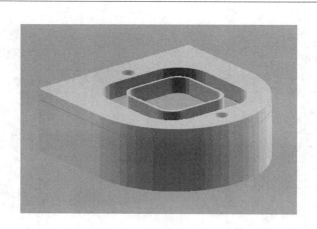 图 5-82　生成钻 $\phi6$ 孔刀轨

14. 仿真后处理生成加工程序

仿真后处理生成加工程序，见表5-18。

表 5-18　仿真后处理生成加工程序

说明	图解
① 仿真确认刀轨。在"导航器"工具条中单击"程序顺序视图" **程序顺序视** 图 按钮→在"导航器"单击"PROGRAM"→按鼠标右键→选择"刀轨"→选择"确认"→弹出"刀轨可视化"对话框→选择"2D 动态"或"3D 动态"→单击"播放" ▶ 按钮,如图5-83所示	图 5-83　仿真确认刀轨

说明	图解
②后处理生成加工程序。选择要后处理生成加工程序的刀轨：如单击"FLOOR_WALL_IPW"→按鼠标右键→选择"后处理"→弹出"后处理"对话框→根据数铣系统选择后处理器如：mypost(注：如没有事前安装有相应机床系统的处理器，则单击"浏览查找后处理器"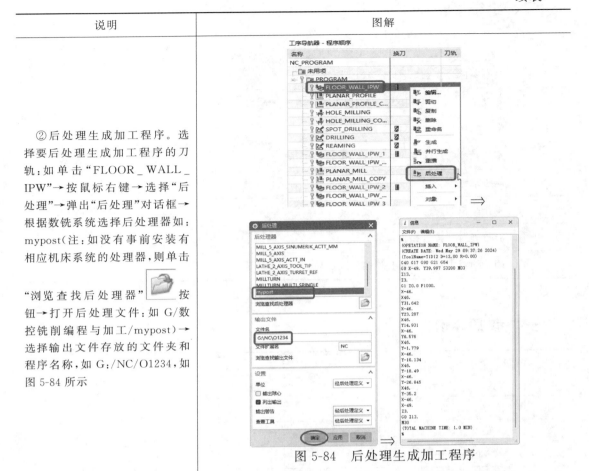按钮→打开后处理文件：如 G/数控铣削编程与加工/mypost)→选择输出文件存放的文件夹和程序名，如 G：/NC/O1234，如图 5-84 所示	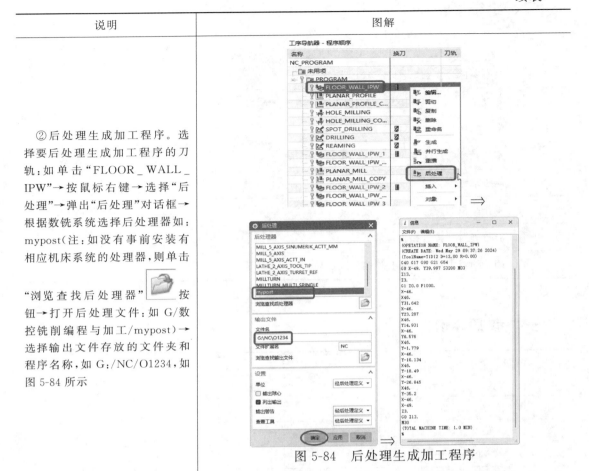 图 5-84　后处理生成加工程序

【评价与反馈】

一、自我评价

学习任务名称：

评价项目	是	否
1. 能否分析出零件的正确形体		
2. 前置作业是否全部完成		
3. 是否完成了小组分配的任务		
4. 是否认为自己在小组中不可或缺		
5. 是否严格遵守了课堂纪律		
6. 在本次学习任务的学习过程中，是否主动帮助同学		
7. 对自己的表现是否满意		

二、小组评价

序号	评价项目	评价（1～10 分）
1	具有团队合作意识，注重沟通	
2	能自主学习及相互协作，尊重他人	
3	学习态度积极主动，能参加安排的活动	
4	服从教师的教学安排，遵守学习场所管理规定，遵守纪律	
5	能正确地领会他人提出的学习问题	
6	工作岗位的责任心	
7	能正确对待肯定和否定的意见	
8	团队学习中主动参与合作的情况如何	

评价人： 年 月 日

三、教师评价

序号	项目	教师评价			
		优	良	中	差
1	按时上、下课				
2	着装符合要求				
3	遵守课堂纪律				
4	学习的主动性和独立性				
5	工具、仪器使用规范				
6	主动参与工作现场的 8S 工作				
7	工作页填写完整				
8	与小组成员积极沟通并协助其他成员共同完成学习任务				
9	会快速查阅各种手册等资料				
10	教师综合评价				

【任务拓展】

任务描述：铣工中级考证题零件，尺寸如图 5-85 所示，材料为 Al2000，毛坯尺寸为 80mm×80mm×30mm，要求对零件进行粗、精加工。

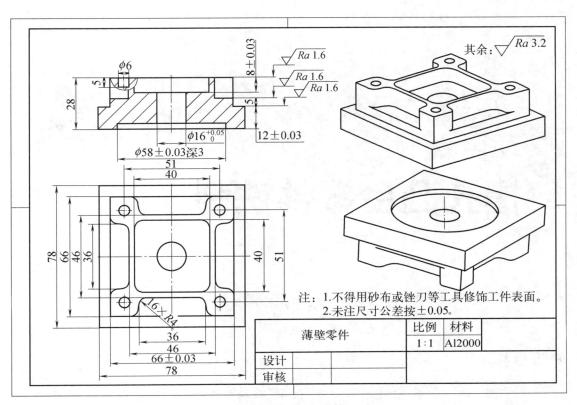

图 5-85 薄壁零件

注：1.不得用砂布或锉刀等工具修饰工件表面。
2.未注尺寸公差按±0.05。

薄壁零件	比例	材料
	1:1	Al2000
设计		
审核		

其余 $\sqrt{Ra\,3.2}$

项目六
槽孔凸台零件铣削

知识目标

1. 掌握 NX 10 数控铣削加工方法和基本操作步骤、铣削参数的设置及应用；

2. 掌握槽、孔类零件加工编程方法与步骤；

3. 熟练掌握平面与轮廓外形加工的编程方法；

4. 掌握正、反面加工编程与对刀方法；

5. 掌握 NX 10 后处理生成程序并应用到实际机床加工的方法与步骤。

能力目标

1. 会绘制零件图；

2. 会设置槽、孔加工铣削参数并应用；

3. 会 NX 10 数控铣削参数的设置方法，并能创建钻孔加工与铰孔加工刀轨；

4. 具备平面铣与轮廓外形零件编程操作、仿真加工能力；具备正、反面加工编程与对刀的能力；

5. 能应用生成的程序实际操作机床进行加工。

【任务描述】

铣削槽孔凸台零件，尺寸如图 6-1 所示，材料为 Al2000，毛坯尺寸为 80mm×80mm×30mm，要求对零件进行粗、精加工。

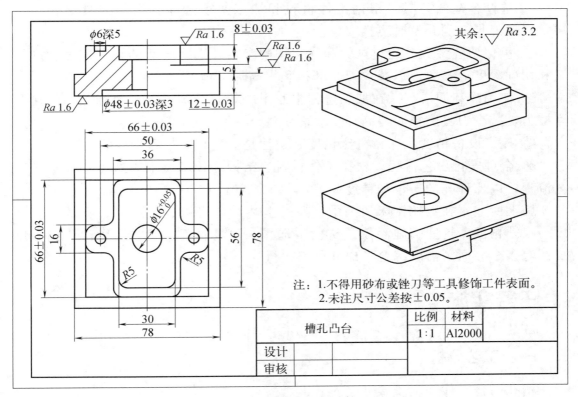

图 6-1　槽孔凸台零件

【知识链接】

引导问题：

数控铣床加工中，保证孔的位置精度与尺寸精度的措施有哪些？

在数控铣床加工中，保证孔的位置精度与尺寸精度是确保产品质量的关键。以下是实现这一目标的一些加工措施。

① 使用高精度的加工设备和工具：选用高精度的数控机床、钻头、铣刀等。

② 采用精度高的测量工具：使用千分尺、游标卡尺等精密测量工具对孔的尺寸进行测量和检查，确保每个孔的尺寸都符合要求。

③ 控制加工过程中的环境因素：控制加工过程中的温度、湿度、振动等因

素，以减小其对尺寸精度的影响。

④ 采用合理的加工工艺和工艺参数：选择合适的切削速度、切削深度、切削方式等工艺参数，以确保每个孔的加工质量。

⑤ 多次加工和检查：对于关键孔位，可以采用多次加工和检查的方式，以确保其尺寸精度。

⑥ 选择合适的刀具：根据工件材料和加工要求选择合适的刀具材料和涂层，保持刀具锋利并及时更换刀具。

⑦ 优化切削参数：通过试验和优化切削参数，选择合适的切削速度、进给量和切削深度等参数，以减少刀具磨损和提高加工精度。

⑧ 使用冷却润滑剂：在加工过程中使用冷却润滑剂可以有效降低切削热和摩擦力，减少刀具磨损和提高加工表面质量。

⑨ 提高设备精度：保持机床精度和刚性是提高孔质量和精度的关键。

⑩ 合理安排工艺流程：根据工件材料、结构和技术要求等特点合理安排工艺流程，以保证孔的质量和精度。

综上所述，在数控铣床加工中，通过上述措施可以有效地保证孔的位置精度与尺寸精度。这些措施涵盖了从设备选择、刀具管理、工艺参数优化到环境控制等多个方面，需要综合考虑并严格执行。

【任务实施】

一、工艺分析

槽孔凸台零件铣削步骤见表 6-1。

表 6-1　槽孔凸台零件铣削步骤　　　　　　单位：mm

步骤	内容	选用刀具	加工方式	加工余量
1	底平面加工	T1D12	底壁加工 IPW-[FLOOR_WALL_IPW]	0
2	平面 78×78 轮廓铣粗加工	T1D12	平面轮廓铣-[PLANAR_PROFILE]	0.2
3	平面 78×78 轮廓铣精加工	T1D12	平面轮廓铣-[PLANAR_PROFILE]	0
4	粗铣 $\phi48$ 孔槽	T1D12	孔铣-[HOLE_MILLING]	0.2
5	精铣 $\phi48$ 孔槽	T1D12	孔铣-[HOLE_MILLING]	0
6	$\phi16$ 孔定心钻加工	T3SP	定心钻-[SPOT_DRILLING]	
7	$\phi16$ 钻孔加工	T4DRD15.8	钻孔-[DRILLING]	0.2
8	$\phi16$ 铰孔加工	T5D16	铰-[REAMING]	D4
9	正面平面粗加工	T1D12	底壁加工 IPW-[FLOOR_WALL_IPW]	0.4
10	正面平面精加工	T1D12	底壁加工 IPW-[FLOOR_WALL_IPW]	0

续表

步骤	内容	选用刀具	加工方式	加工余量
11	粗铣 66×66 矩形外轮廓	T1D12	平面铣-[PLANAR_MILL]	0.2
12	精铣 66×66 矩形外轮廓	T1D12	平面铣-[PLANAR_MILL]	0
13	凸台轮廓外形粗加工	T2D8	底壁加工 IPW-[FLOOR_WALL_IPW]	0.2
14	凸台轮廓外形精加工	T2D8	底壁加工 IPW-[FLOOR_WALL_IPW]	0
15	30×56 槽粗加工	T2D8	底壁加工 IPW-[FLOOR_WALL_IPW]	0.2
16	30×56 槽精加工	T2D8	底壁加工 IPW-[FLOOR_WALL_IPW]	0
17	铣 ϕ6 孔	T6D4	孔铣-[HOLE_MILLING1]	0

二、建模

槽孔凸台零件建模步骤见表 6-2。

表 6-2　槽孔凸台零件建模步骤

说明	图解
①新建文件：中级题02，启动 NX10 软件，输入文件名如：中级题02，选择文件夹：G:\数控铣削编程与加工\项目四，如图 6-2 所示，单击"确定"按钮，进入建模环境	图 6-2　新建文件：槽孔凸台零件
②进入草图环境：工作图层改为 21 图层，单击"直接草图"工具条中的"草图"命令，选择"XOY"基准平面，进入草图环境，如图 6-3 所示	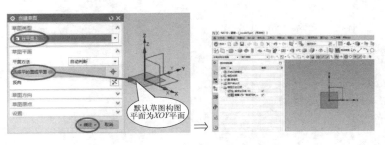　图 6-3　进入草图环境

续表

说明	图解
③绘制 78×78 矩形，绘制 $\phi48$、$\phi16$ 圆弧，约束如图 6-4 所示，单击"完成草图" 按钮→返回草图环境	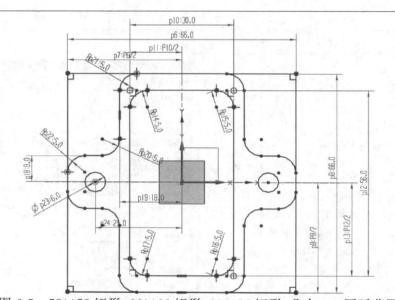图 6-4 78×78 矩形、$\phi48$、$\phi16$ 圆弧草图
④工作图层改为 22 图层，单击"直接草图"工具条中的"草图" 命令，选择"XOY"基准平面，进入草图环境。绘制 78×78 矩形、66×66 矩形、30×56 矩形、凸台、$\phi6$ 圆弧草图，如图 6-5 所示	图 6-5 78×78 矩形、66×66 矩形、30×56 矩形、凸台、$\phi6$ 圆弧草图
⑤单击"完成草图"  按钮，完成草图绘制，打开 21 图层，完成草图绘制，如图 6-6 所示	图 6-6 完成草图

说明	图解
⑥创建 78×78×28 长方体：在实用工具条中把工作图层 n 改为 1 层，曲线规则选择"相连曲线" 相连曲线 → 单击"拉伸" 拉伸 按钮→选择 78×78 矩形、ϕ16 圆弧→开始距离：16；结束距离：28→单击"指定方向" 按钮调整方向→单击"应用"，如图 6-7 所示	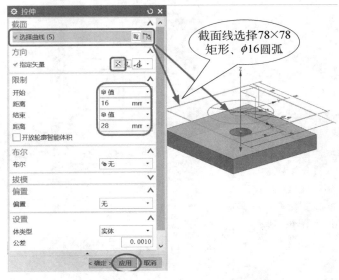 图 6-7　创建 78×78×28 长方体
⑦选择 ϕ48 圆弧→开始距离：25；结束距离：28→单击"指定方向" 按钮调整方向→布尔选择"求差"→单击"应用"，如图 6-8 所示	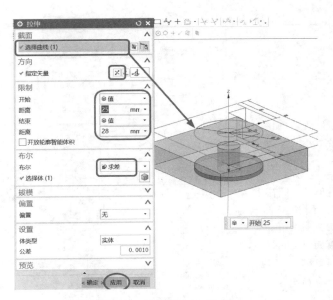 图 6-8　创建 ϕ48 孔槽

续表

说明	图解
⑧创建 66×66×5 长方体:曲线规则选择"相连曲线" 相连曲线 ↟ 截面选择凸台草图、ϕ16 圆弧→开始距离:11;结束距离:16;布尔选择:求和→单击"应用",如图 6-9 所示	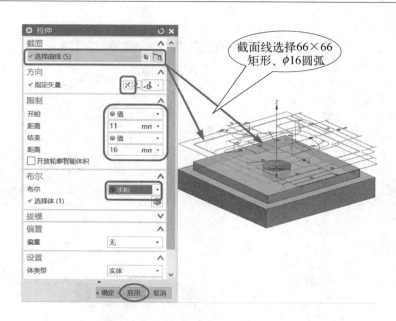 图 6-9 创建 66×66×5 长方体
⑨创建凸台:曲线规则选择"相连曲线" 相连曲线 ↟ ,打开"在相交处打断" ↟ 按钮,截面线选择凸台曲线、ϕ16 圆弧→开始距离:0;结束距离:11;布尔选择:求和→单击"应用",如图 6-10 所示	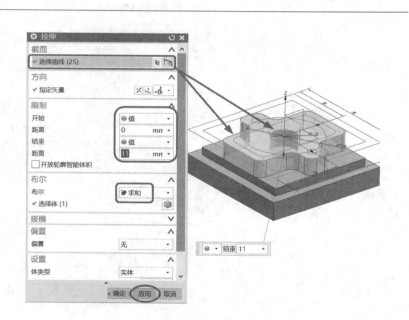 图 6-10 创建凸台

续表

说明	图解
⑩创建 30×56 矩形槽：曲线规则选择"相连曲线" 相连曲线，关闭"在相交处打断" 按钮，截面线选择 30×56 矩形→开始距离：0；结束距离：8；布尔选择：求差→单击"应用"，如图 6-11 所示	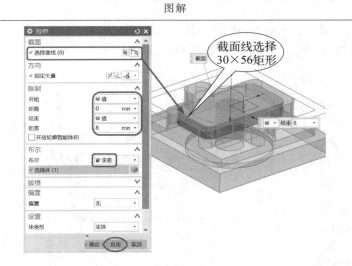 图 6-11　创建 30×56 矩形槽
⑪创建 ϕ6 圆孔：曲线规则选择"相连曲线" 相连曲线，关闭"在相交处打断" 按钮，截面线选择 ϕ6 圆弧→开始距离：0；结束距离：5；布尔选择：求差→单击"确定"完成建模，如图 6-12 所示	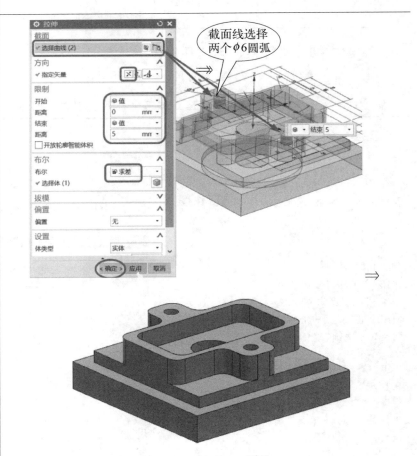 图 6-12　创建 ϕ6 圆孔

三、铣削槽孔凸台零件编程加工

1. 进入平面铣加工环境

进入平面铣加工环境，见表 6-3。

表 6-3　进入平面铣加工环境

说明	图解
单击"标准"工具条中的"启动"→"加工"命令即可进入"加工环境"对话框→选择要创建的CAM 设置为"mill_planar"选项后，单击"确定"按钮，即可进入加工环境界面，如图 6-13 所示	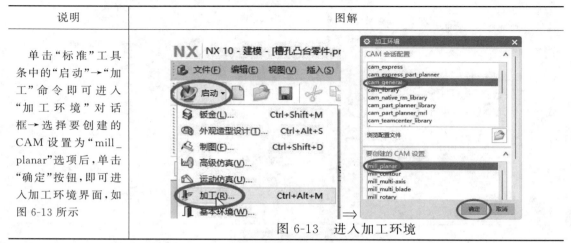 图 6-13　进入加工环境

2. 建立加工坐标系、创建几何体

建立加工坐标系、创建几何体，见表 6-4。

表 6-4　建立加工坐标系、创建几何体

说明	图解
①建立加工坐标系。在导航器工具条上单击"几何视图"按钮，在工序导航器上单击"＋"号，双击"MCS_MILL"图标。→在弹出的"MCS 铣削"对话框中单击"CSYS"按钮→在"CSYS"对话框中的类型选择"自动判断"，选择工件底平面→单击"确定"，如图 6-14 所示	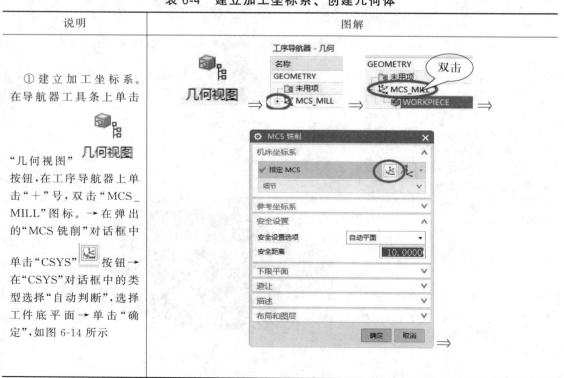

续表

说明	图解

图 6-14　建立加工坐标系

② 创 建 部 件 与 毛 坯。在"工件导航器-几何"中双击"WORKPIECE"图标→在弹出的"工件"对话框中单击"选择或编辑部件几何体"图标 →指定"部件几何体"→单击"选择或编辑毛坯几何体"图标 →设置指定毛坯几何体→单击"确定"→单击"确定"完成部件与毛坯创建，如图 6-15 所示

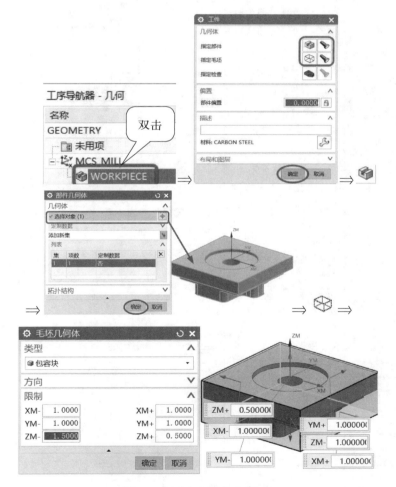

图 6-15　创建部件与毛坯

3. 创建刀具

创建刀具，见表 6-5。

表 6-5　创建刀具

步骤	说明	图解
创建 φ12、φ8 平刀；φ12 定位钻、φ15.8 钻头、φ16 铰刀	① 在导航器工具条上单击"几何视图"按钮→单击"创建刀具"按钮→在弹出的对话框中的类型选择平面加工"mill_planar"，在名称处输入"T1D12"→刀具子类型选择铣刀"Mill"→单击"应用"→修改刀具参数：直径"12"、刀刃"4"、刀具号"1"、补偿号"1"→单击"确定"，如图 6-16 所示，返回到创建刀具界面	图 6-16　创建 T1D12 平刀
	② 在刀具名称中输入"T2D8"→单击"应用"→修改刀具参数：直径"φ8"、刀刃"4"、刀具号"2"、补偿号"2"→单击"确定"，如图 6-17 所示 ③ 在刀具名称中输入"T6D4"→单击"应用"→修改刀具参数：直径"φ4"、刀刃"4"、刀具号"6"、补偿号"6"→单击"确定"，如图 6-17 所示，返回到创建刀具界面	图 6-17　创建 T2D8、T6D4 平刀

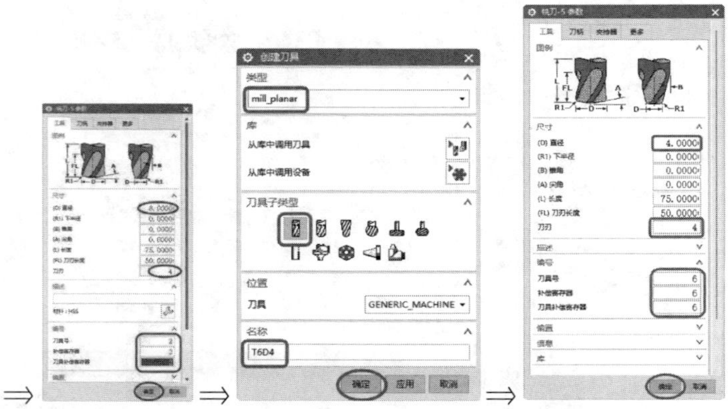

续表

步骤	说明	图解
创建 $\phi12$、$\phi8$ 平刀；$\phi12$ 定位钻、$\phi15.8$ 钻头、$\phi16$ 铰刀	④在"创建刀具"对话框中"类型"选择"drill"，刀具子类型选择定位钻"SPOTDRILLING_TOOL"→修改刀具名称"T3SP"→修改刀具参数：直径"12"、刀刃"2"、刀具号"3"、补偿号"3"，如图 6-18 所示	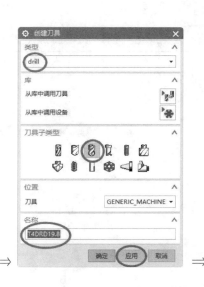 图 6-18　创建 T3SP 定位钻
	⑤单击"应用"保留在创建刀具界面→刀具子类型选择钻头"DRILLING_TOOL"→修改刀具名称"T4DRD15.8"→修改刀具参数：直径"15.8"、刀刃"2"、刀具号"4"、补偿号"4"→单击"应用"，如图 6-19 所示，保留在创建刀具界面	 图 6-19　创建 T4DRD15.8 钻头

步骤	说明	图解
创建 $\phi12$、$\phi8$ 平刀；$\phi12$ 定位钻、$\phi15.8$ 钻头、$\phi16$ 铰刀	⑥在创建刀具对话框中类型选择"drill"，刀具子类型选择铰刀"REAMER"→修改刀具名称"T5D16H8"→修改刀具参数：直径"16"、刀刃"6"、刀具号"5"、补偿号"5"→单击"应用"→单击"应用"完成刀具创建，如图6-20所示	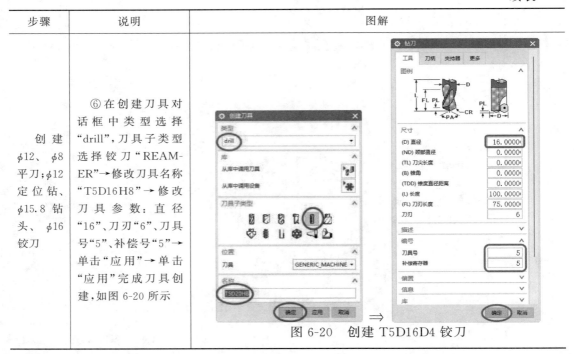 图6-20　创建 T5D16D4 铰刀

4. 创建底平面加工刀轨

创建底平面加工刀轨，见表6-6。

表6-6　创建底平面加工刀轨

说明	图解
①在导航器工具条上单击"程序顺序视图"　按钮→单击"创建工序"　按钮→弹出"创建工序"对话框中类型选择"mill_planar"、工序子类型选择"底壁加工"、位置参数的程序选择"PROGRAM"、刀具选择"T1D12"、几何体选择"WORKPIECE"；名称默认为"FLOOR_WALL_IPW"→单击"确定"→弹出"底壁加工IPW-[FLOOR_WALL_IPW]"，如图6-21所示	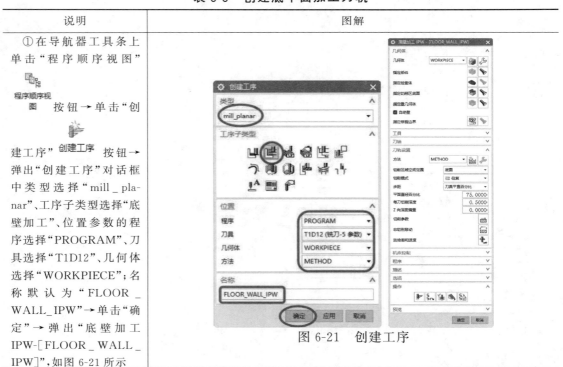 图6-21　创建工序

续表

说明	图解
②在"底壁加工 IPW-[FLOOR_WALL_IPW]"对话框中单击"指定切削区底面" 按钮→选择底平面→单击"确定"→单击"确定"→切削模式选择"往复",如图6-22所示	 图6-22　指定切削区底面
③单击"进给率和速度" 按钮→在进给率和速度对话框中主轴速度输入"3200"、进给率输入"1000"→单击"确定"返回,如图6-23所示	 图6-23　进给率和速度设置
④"底壁加工 IPW-[FLOOR_WALL_IPW]"对话框中单击"确定" 按钮→生成底平面加工刀轨,如图6-24所示	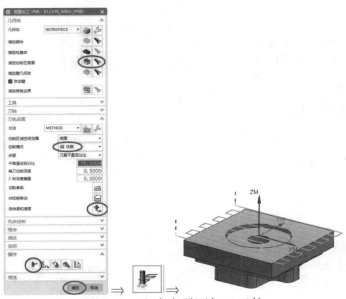 图6-24　生成底平面加工刀轨

5. 创建平面 78×78 轮廓铣粗加工刀轨

创建平面 78×78 轮廓铣粗加工刀轨，见表 6-7。

表 6-7　创建平面 78×78 轮廓铣粗加工刀轨

说明	图解
①创建平面轮廓铣：在导航器工具条上单击"创建工序" 按钮→在弹出的"创建工序"对话框中类型选择"mill_planar"、工序子类型选择"平面加工"、位置参数的程序选择"PROGRAM"、刀具选择"T1D12"、几何体选择"WORKPIECE"；名称默认为"PLANAR_PROFILE"→单击"确定"，如图 6-25 所示	   图 6-25　创建平面轮廓铣
②创建平面轮廓铣边界：在"平面轮廓铣"对话框中单击"指定边界"  按钮→在"边界几何体"对话框中的"模式"选择"曲线/边"→在"创建边界"对话框中点选"成链"对话框中单击"链接"按钮→分别选择两条首尾相接的两条边线→单击"确定"按钮→单击"确定"按钮→单击"确定"按钮→返回到平面轮廓铣对话框，如图 6-26 所示	  图 6-26　创建轮廓加工边界

说明	图解
③指定底面：单击"指定底面"  按钮→在弹出的"刨"对话框中选择图 6-27 所示底面→在偏置距离中输入"-25"（此值根据实际装夹确定）→单击"确定"→完成指定底面	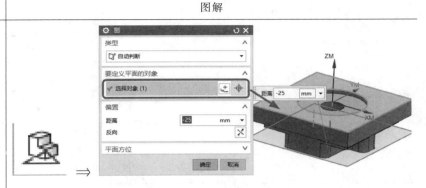 图 6-27　指定底面
④切削深度设置：切削深度选择"恒定"→在"公共"处输入"1"→"确定" ⑤切削参数设置：单击"切削参数" 按钮→单击"余量"项→在"部件余量"输入：0.2→单击"确定"，如图 6-28 所示	 图 6-28　切削参数设置
⑥设定主轴转速：单击"进给率和速度" 按钮→在进给率和速度对话框中主轴速度输入"3200"、进给率输入"1000"→单击"确定"→返回至"平面轮廓铣-［PLANAR_PROFILE］"对话框，如图 6-29 所示	 图 6-29　进给率和速度设置

说明	图解
⑦单击"生成" 按钮→生成平面 78×78 轮廓铣粗加工刀轨，如图 6-30 所示	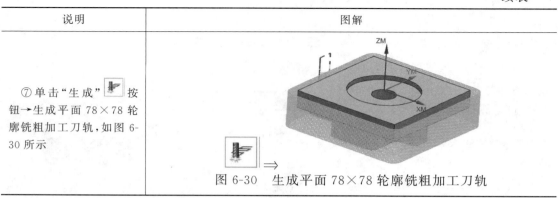 图 6-30　生成平面 78×78 轮廓铣粗加工刀轨

6. 创建平面 78×78 轮廓铣精加工刀轨

创建平面 78×78 轮廓铣精加工刀轨，见表 6-8。

表 6-8　创建平面 78×78 轮廓铣精加工刀轨

说明	图解
①复制刀轨：点选"PLANAR_PROFILE"刀轨→按鼠标右键→选择"复制" ②粘贴刀轨：点选"PLANAR_PROFILE"刀轨→按鼠标右键→选择"粘贴"→"PLANAR_PROFILE_COPY"，如图 6-31 所示 ③修改切削参数：双击刚粘贴的"PLANAR_PROFILE_COPY"刀轨→ 在弹出的"平面轮廓铣-[PLANAR_PROFILE_COPY]"对话框中，部件余量：0；"切削深度"选择"仅底面"→单击"进给率和速度"按钮→在进给率和速度对话框中主轴速度输入"3200"、进给率输入"600"→单击"确定"→单击"确定"按钮→生成平面 78×78 轮廓铣精加工刀轨，如图 6-32 所示	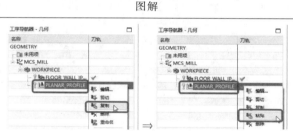 图 6-31　复制、粘贴刀轨 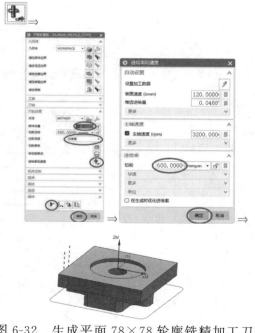 图 6-32　生成平面 78×78 轮廓铣精加工刀轨

7. 创建粗铣 φ48 孔槽刀轨

创建粗铣 φ48 孔槽刀轨，见表 6-9。

表 6-9　创建粗铣 φ48 孔槽刀轨

说明	图解
①创建平面轮廓铣：在导航器工具条上单击"创建工序" 创建工序 按钮→在弹出的"创建工序"对话框中类型选择"mill_planar"、工序子类型选择"HOLE_MILLING"孔铣、位置参数的程序选择"PROGRAM"、刀具选择"T1D12"、几何体选择"WORKPIECE"；名称默认为"HOLE_MILLING"→单击"确定"按钮→弹出"孔铣-[HOLE_MILLING]"对话框，如图 6-33 所示 ②指定特征几何体：在弹出的"孔铣-[HOLE_MILLING]"对话框中单击"指定特征几何体"按钮→弹出特征几何体→在特征"选择对象"选择 φ48 孔→单击"确定"返回至"孔铣-[HOLE_MILLING]"对话框，如图 6-34 所示	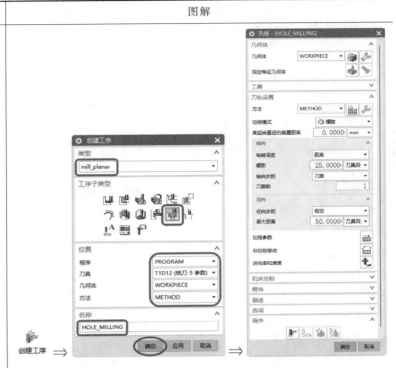 图 6-33　粗加工 φ48 孔槽 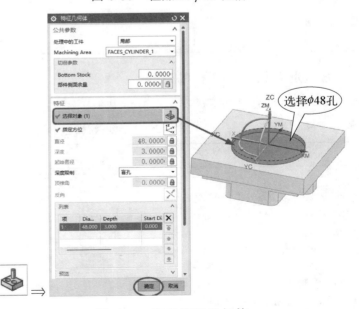 图 6-34　指定特征几何体

续表

说明	图解
③螺距改为:0.5mm ④单击"切削参数"按钮→在弹出的"切削参数"对话框中的"部件侧面余量"输入0.2→单击"确定"按钮返回至"孔铣-[HOLE _ MILL-ING]"对话框,如图6-35所示	 图 6-35　切削参数
⑤单击"进给率和速度" 按钮→在进给率和速度对话框中主轴速度输入"3200"、进给率输入"1000"→单击"确定"返回至"孔铣-[HOLE_MILLING]"对话框,如图6-36所示 ⑥单击"生成"按钮→生成粗铣φ48孔槽刀轨	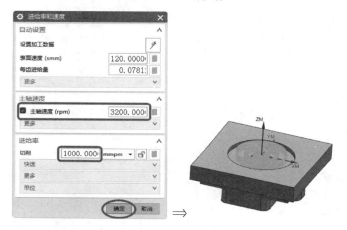 图 6-36　设置进给率和速度

8. 创建精铣 φ48 孔槽刀轨

创建精铣 φ48 孔槽刀轨,见表 6-10。

表 6-10　创建精铣 φ48 孔槽刀轨

说明	图解
①复制刀轨:点选"HOLE_MILLING"刀轨→按鼠标右键→选择"复制" ②粘贴刀轨:点选"HOLE_MILLING"刀轨→按鼠标右键→选择"粘贴"→"HOLE_ MILL-ING_COPY",如图6-37所示	图 6-37　复制、粘贴刀轨

续表

说明	图解
③修改切削参数：双击刚粘贴的"HOLE_MILLING_COPY"刀轨→在弹出的"孔铣-[HOLE_MILLING_COPY]"对话框中单击"切削参数" 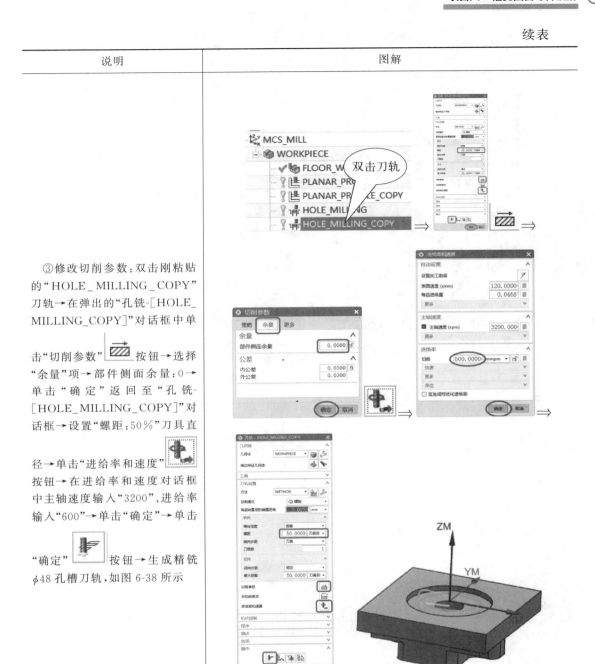 按钮→选择"余量"项→部件侧面余量：0→单击"确定"返回至"孔铣-[HOLE_MILLING_COPY]"对话框→设置"螺距：50％"刀具直径→单击"进给率和速度"按钮→在进给率和速度对话框中主轴速度输入"3200"、进给率输入"600"→单击"确定"→单击"确定"按钮→生成精铣 ϕ48 孔槽刀轨，如图 6-38 所示	

图 6-38　生成精铣 ϕ48 孔槽刀轨

9. 创建 ϕ16 孔定心钻加工刀轨

创建 ϕ16 孔定心钻加工刀轨，见表 6-11。

表 6-11　创建 φ16 孔定心钻加工刀轨

步骤	说明	图解
(1)定心钻-[SPOT_DRILLING]刀轨	创建工序:在导航器工具条上单击"创建工序" 创建工序 按钮→在弹出的"创建工序"对话框中"类型"选择"drill"、"工序子类型"选择"定心钻"、"位置"参数中"程序"选择"PROGRAM"、刀具选择"T3SP(钻刀)"、几何体选择"WORKPIECE";名称默认为"SPOT_DRILLING"→单击"确定",如图 6-39 所示	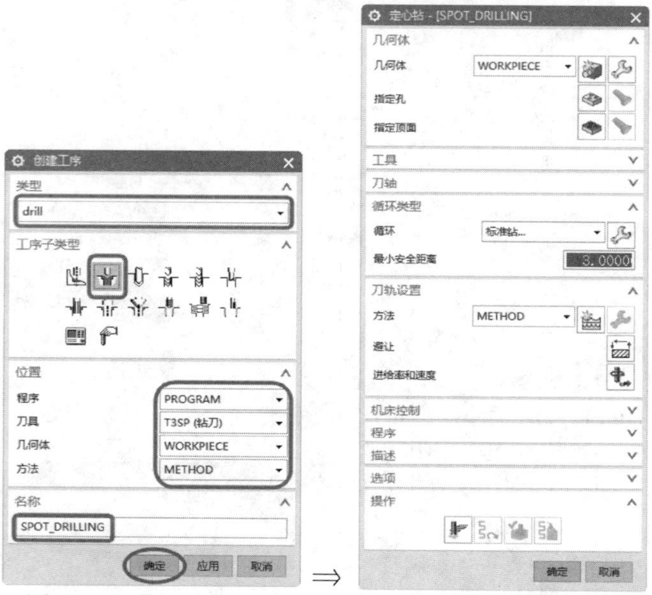 图 6-39　定心钻-[SPOT_DRILLING]工序对话框
(2)指定孔、指定顶面、指定参数组	①指定孔:在"定心钻-[SPOT_DRILLING]"对话框中单击"指定孔" 按钮→弹出"点到点几何体"对话框→单击"选择"按钮→弹出"名称"对话框→单击"一般点"按钮→弹出"点"对话框→点选择对象选择圆心点→单击"确定"按钮→单击"确定"按钮→单击"确定"按钮→单击"确定"按钮→返回至"定心钻-[SPOT_DRILLING]"对话框,如图 6-40 所示	 图 6-40　选择孔圆心

步骤	说明	图解
(2)指定孔、指定顶面、指定参数组	② 指定顶面：在"定心钻-[SPOT _ DRILLING]"对话框中单击"指定顶面" ![]按钮→弹出"顶面"对话框→"顶面选项"选择"面"，选择上平面→单击"确定"→返回至"定心钻-[SPOT _ DRILLING]"对话框，如图6-41所示	 图 6-41　指定面
	③ 指定参数组："循环"项单击"循环参数" ![]按钮→弹出"指定参数组"对话框→单击"确定"按钮→弹出"Cycle参数"对话框→单击"Depth(Tip)-0.0000"按钮→弹出"Cycle 深度"对话框→单击"刀尖深度"按钮→弹出"深度"对话框→输入"2"→单击"确定"按钮→单击"确定"按钮→返回至"定心钻-[SPOT _ DRILLING]"对话框，如图6-42所示	 图 6-42　设置循环参数

续表

步骤	说明	图解
(3)设置进给率和速度	① 在"定心钻-[SPOT_DRILLING]"对话框中单击"进给率和速度" 按钮→在弹出的"进给率和速度"对话框中"主轴速度"设为"2000";进给率设为"100"→单击"确定"→返回至"定心钻-[SPOT_DRILLING]"对话框,如图6-43所示 ② 单击"生成" 按钮→生成 $\phi 16$ 孔定心钻加工刀轨,如图6-44所示	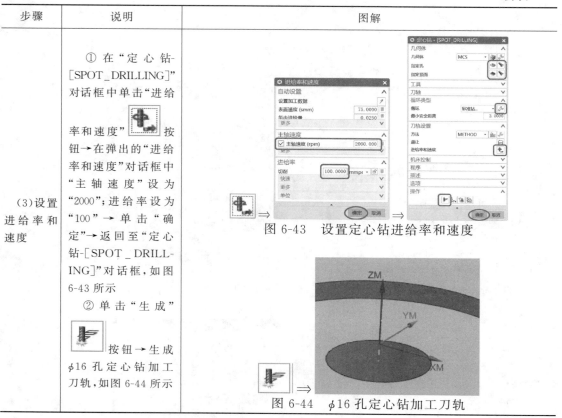 图 6-43　设置定心钻进给率和速度 图 6-44　$\phi 16$ 孔定心钻加工刀轨

10. 创建 $\phi 16$ 钻孔加工刀轨

创建 $\phi 16$ 钻孔加工刀轨,见表6-12。

表 6-12　创建 $\phi 16$ 钻孔加工刀轨

步骤	说明	图解
(1)钻孔-[DRILLING]刀轨	在导航器工具条上单击"创建工序" 创建工序 按钮→在弹出的"创建工序"对话框中"类型"选择"drill"、"工序子类型"选择"定心钻"、"位置"参数中"程序"选择"PROGRAM"、刀具选择"T4DRD15.8(钻刀)"、几何体选择"WORKPIECE";名称默认"DRILLING"→单击"确定"→弹出"钻孔-[DRILLING]"对话框,如图6-45所示	图 6-45　钻孔-[DRILLING]工序对话框

步骤	说明	图解
（2）设置钻孔参数、生成钻孔刀轨	① 在"钻孔-［DRILLING］"对话框中单击"指定孔" 按钮→弹出"点到点几何体"对话框→单击"选择"按钮→弹出"名称"对话框→单击"一般点"按钮→弹出"点"对话框→点选择对象选择圆心点→单击"确定"按钮→单击"确定"按钮→单击"确定"按钮→单击"确定"按钮→返回至"钻孔-［DRILLING］"对话框，如图 6-46 所示	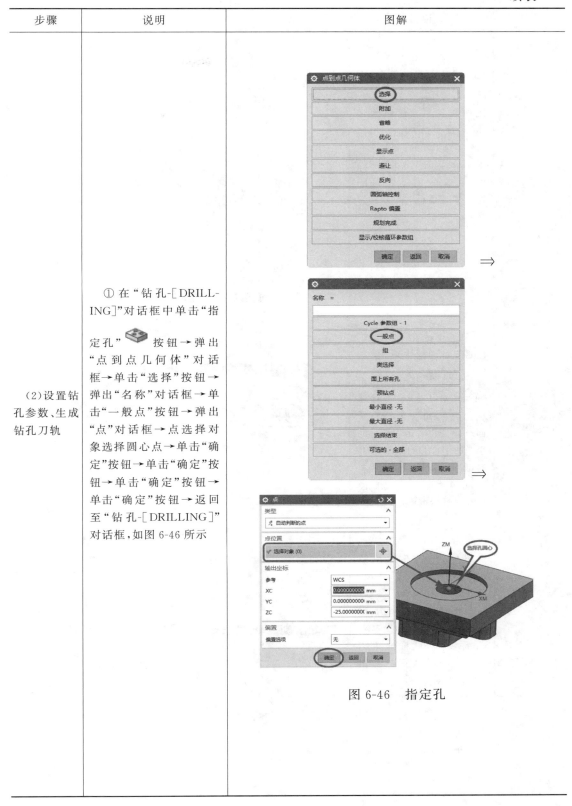 图 6-46　指定孔

步骤	说明	图解
(2)设置钻孔参数、生成钻孔刀轨	② 在"钻孔-[DRILLING]"对话框中单击"指定顶面" 按钮→弹出"顶面"对话框→"顶面选项"选择"面",选择上平面→单击"确定"→返回至"钻孔-[DRILLING]"对话框,如图 6-47 所示	 图 6-47　指定顶面
	③ 在"钻孔-[DRILLING]"对话框中单击"指定底面" 按钮→弹出"底面"对话框→"底面选项"选择"面";选择底平面→单击"确定"→返回至"钻孔-[DRILLING]"对话框,如图 6-48 所示 ④ 在"钻孔-[DRILLING]"对话框中的"循环"项单击"循环参数" 按钮→弹出"指定参数组"对话框→单击"确定"按钮→弹出"Cycle 参数"对话框→单击"Depth-模型深度"按钮→弹出"Cycle 深度"对话框→单击"刀尖深度"按钮→弹出"深度"对话框→输入"2"→单击"确定"按钮→单击"确定"按钮→返回至"钻孔-[DRILLING]"对话框,如图 6-49 所示	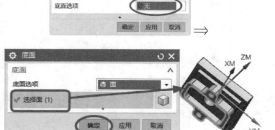 图 6-48　指定底面 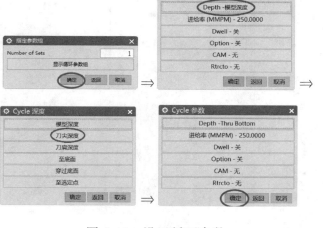 图 6-49　设置循环参数

步骤	说明	图解
（2）设置钻孔参数、生成钻孔刀轨	⑤ 在"钻孔-［DRILLING］"对话框中单击"进给率和速度" 按钮→在弹出的"进给率和速度"对话框中"主轴速度"设为"600"；进给率设为："60"→单击"确定"→返回至"钻孔-［DRILLING］"对话框，如图6-50所示 ⑥ 在"钻孔-［DRILLING］"对话框中单击"生成" 按钮→生成φ16钻孔加工刀轨，如图6-51所示	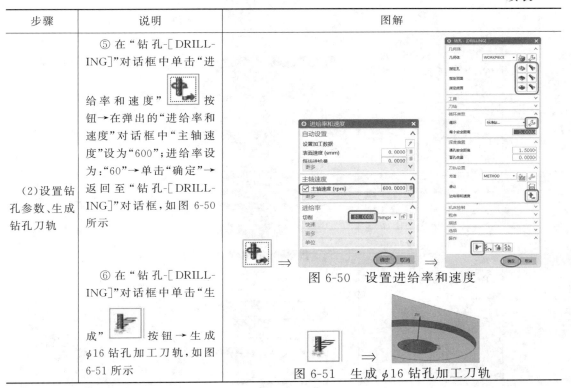 图 6-50　设置进给率和速度 图 6-51　生成 φ16 钻孔加工刀轨

11. 创建 φ16 铰孔加工刀轨

创建 φ16 铰孔加工刀轨，见表 6-13。

表 6-13　创建 φ16 铰孔加工刀轨

步骤	说明	图解
（1）创建铰孔刀轨	在导航器工具条上单击"创建工序" 按钮→在弹出的"创建工序"对话框中"类型"选择"drill"、"工序子类型"选择"定心钻"、"位置"参数"程序"选择"PROGRAM"、刀具选择"T5D16（钻刀）"、几何体选择"WORKPIECE"；名称默认为"REAMING"→单击"确定"→弹出"铰-［REAMING］"对话框，如图6-52所示	图 6-52　创建"铰-［REAMING］"铰孔刀轨

续表

步骤	说明	图解
（2）设置铰孔参数	① 在"铰-[REAMING]"对话框单击"指定孔" 按钮→弹出"点到点几何体"对话框→单击"选择"按钮→弹出"名称"对话框→单击"一般点"按钮→单击"点"对话框→点选择对象选择圆心点→单击"确定"按钮→单击"确定"按钮→单击"确定"按钮→单击"确定"按钮→返回至"铰-[REAMING]"对话框,如图6-53所示	   图 6-53　指定孔
	② 在"铰-[REAMING]"对话框中单击"指定顶面"  按钮→弹出"顶面"对话框→"顶面选项"选择"面",选择上平面→单击"确定"→返回至"铰-[REAMING]"对话框,如图6-54所示	 图 6-54　指定顶面

续表

<table>
<tr><th>步骤</th><th>说明</th><th>图解</th></tr>
<tr><td rowspan="3">(2)设置铰孔参数</td><td>③ 在“铰-[REAMING]”对话框中单击“指定底面”按钮→弹出“底面”对话框→“底面选项”选择“面”；选择底平面→单击“确定”→返回至“铰-[REAMING]”对话框，如图 6-55 所示</td><td>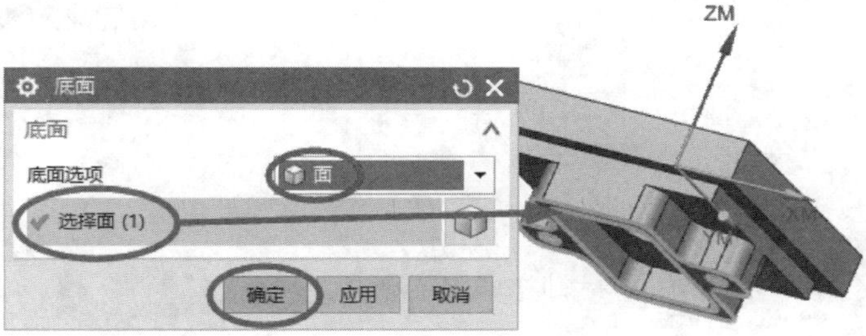

图 6-55　指定底面</td></tr>
<tr><td>④ 在“铰-[REAMING]”对话框中的“循环”项单击“循环参数”按钮→弹出“指定参数组”对话框→单击“确定”按钮→弹出“Cycle 参数”对话框→单击“Depth-模型深度”按钮→弹出“Cycle 深度”对话框→单击“穿过底面”按钮→单击“确定”按钮→单击“确定”按钮→返回至“铰-[REAMING]”对话框，如图 6-56 所示</td><td>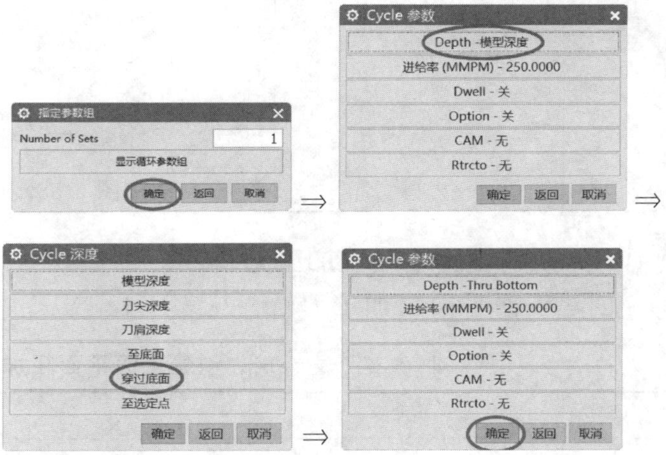

图 6-56　设置循环参数</td></tr>
<tr><td>⑤ 在“铰-[REAMING]”对话框中单击“进给率和速度”按钮→在弹出的“进给率和速度”对话框中“主轴速度”设为“100”；进给率设为“30”→单击“确定”→返回至“铰-[REAMING]”对话框，如图 6-57 所示</td><td>

图 6-57　进给率和速度</td></tr>
</table>

步骤	说明	图解
（2）设置铰孔参数	⑥ 在 " 钻 孔 -［DRILL-ING］"对话框中单击"确定" 按钮→生成 ϕ16 铰孔加工刀轨，如图 6-58 所示	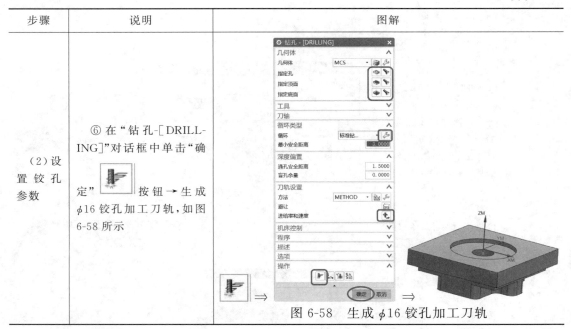 图 6-58　生成 ϕ16 铰孔加工刀轨

12. 创建正面平面粗加工刀轨

创建正面平面粗加工刀轨，见表 6-14。

表 6-14　创建正面平面粗加工刀轨

步骤	说明	图解
（1）建立正面加工坐标系	在"工具条：导航器"上单击"几何视图" 几何视图 按钮→在"工具条：插入"工具条上单击"创建几何体" 创建几何体 按钮→在弹出的"创建几何体"对话框中的"几何体子类型"选择"MCS"；几何体选择"WORKPIECE"→单击"确定"→在弹出的"MCS"对话框中"指定 MCS"选择上平面→单击"确定"→完成正面加工坐标系创建，如图 6-59 所示	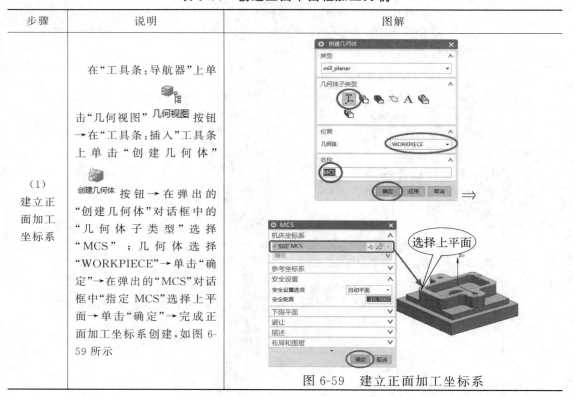 图 6-59　建立正面加工坐标系

步骤	说明	图解
（2） 创建正面 平面粗加 工刀轨	①在导航器工具条上单击"程序顺序视图" 按钮→单击"创建工序" 按钮→在弹出的"创建工序"对话框中类型选择"mill_planar"、工序子类型选择"底壁加工"、位置参数中程序选择"PRO-GRAM"、刀具选择"T1D12"、几何体选择"WORKPIECE"；名称默认"FLOOR_WALL_IPW_1"→单击"确定"→弹出"底壁加工 IPW-[FLOOR_WALL_IPW_1]"对话框,如图6-60所示	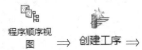 图6-60　创建工序对话框
	②在底壁加工对话框中单击"指定切削区底面" 按钮→选择上平面→单击"确定"→返回至"底壁加工 IPW-[FLOOR_WALL_IPW_1]"对话框,如图6-61所示 ③在"底壁加工 IPW-[FLOOR_WALL_IPW_1]"对话框中的"切削模式"选择"往复"→"每刀切削深度"设为0.5 ④在"底壁加工 IPW-[FLOOR_WALL_IPW_1]"对话框中单击"切削参数" 按钮→在弹出的"切削参数"对话框中的"部件余量"输入"0.4"→单击"确定"返回至"底壁加工 IPW-[FLOOR_WALL_IPW_1]"对话框,如图6-62所示	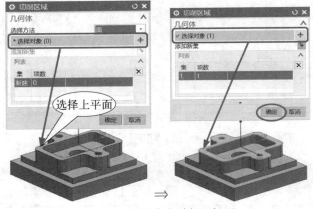 图6-61　指定切削区底面  图6-62　设置部件余量

109

续表

步骤	说明	图解
（2）创建正面平面粗加工刀轨	⑤单击"进给率和速度"按钮→在进给率和速度对话框中主轴速度输入"3200"、进给率输入"1000"→单击"确定"→返回至"底壁加工 IPW-[FLOOR_WALL_IPW_1]"对话框，如图6-63所示 ⑥单击"生成"按钮→生成正面平面粗加工刀轨，如图6-64所示	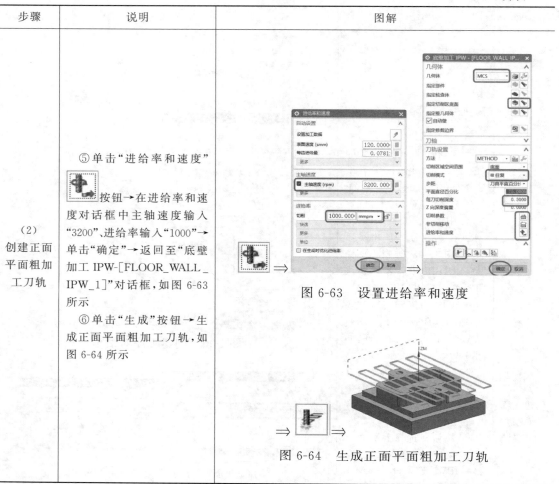 图 6-63　设置进给率和速度 图 6-64　生成正面平面粗加工刀轨

13. 创建正面平面精加工刀轨

创建正面平面精加工刀轨，见表 6-15。

表 6-15　创建正面平面精加工刀轨

说明	图解
①复制正面平面粗加工刀轨"FLOOR_WALL_IPW_1"，单击图中"FLOOR_WALL_IPW_1"→按鼠标右键→选择"复制"，如图6-65所示 ②粘贴正面平面粗加工刀轨"FLOOR_WALL_IPW_1"→按鼠标右键→选择"粘贴"，如图6-65所示	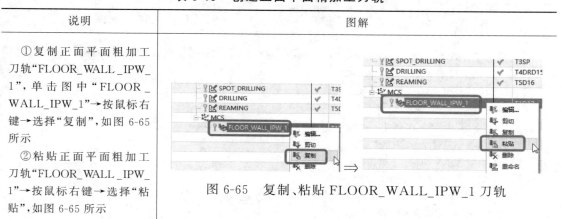 图 6-65　复制、粘贴 FLOOR_WALL_IPW_1 刀轨

说明	图解
③双击刚粘贴的刀轨"FLOOR_WALL_IPW_1_COPY"→在弹出的底壁加工"FLOOR_WALL_IPW_1_COPY"对话框中单击"切削参数"按钮→在弹出的"切削参数"对话框中单击"余量"按钮→在"最终底面余量"输入"0"（具体余量要根据实际测量得到的余量值输入：如正面平面粗加工后实际测得零件厚度尺寸为 28.42mm，则实际精加工余量应为 0.4-0.42＝-0.02；"每刀切削深度"设置为"0"；单击"生成"按钮，生成正面平面精加工刀轨，如图 6-66 所示	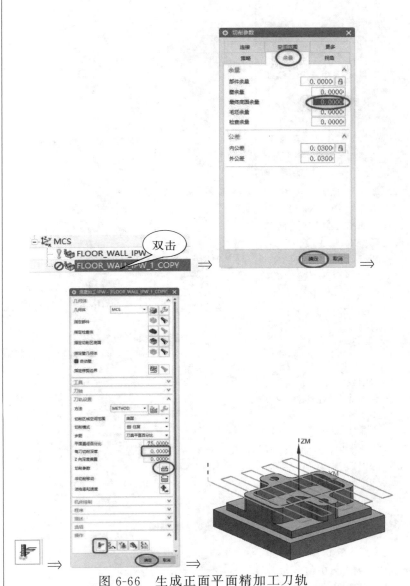

图 6-66　生成正面平面精加工刀轨

14. 创建粗铣 66×66 矩形外轮廓刀轨

创建粗铣 66×66 矩形外轮廓刀轨，见表 6-16。

表 6-16　创建粗铣 66×66 矩形外轮廓刀轨

说明	图解
①创建平面铣：在导航器工具条上单击"创建工序" "创建工序"按钮→在弹出的"创建工序"对话框中类型选择"mill_planar"、工序子类型选择"平面加工"、位置参数中程序选择"PROGRAM"、刀具选择"T1D12"、几何体选择"WORKPIECE"；名称默认为"PLANAR_MILL"→单击"确定"→弹出"平面铣-[PLANAR_MILL]"对话框，如图 6-67 所示	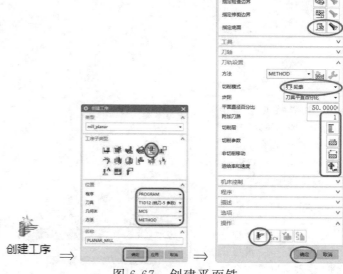 图 6-67　创建平面铣
②创建外形加工边界：在平面加工对话框中单击"指定边界"  按钮→在"边界几何体"对话框中的"模式"选择"曲线/边"→在"创建边界"对话框中的"刨"选择"用户定义"→在出现"刨"对话框中的"选择对象"点选上表面→单击"确定"→单击"确定"→在创建边界对话框中单击"成链"→完成"成链"选择→单击"确定"，如图 6-68 所示	

续表

说明	图解
	 图 6-68 创建外形加工边界
③指定底面：单击"指定底面" 按钮→在弹出的"刨"对话框中选择图 6-69 所示底面→单击"确定"→完成指定底面	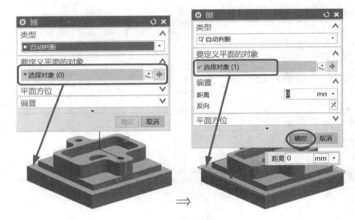 图 6-69 指定底面
④切削模式与附加刀轨设置："切削模式"项中选择"轮廓"，附加刀轨设置为"0" ⑤切削层设置：单击"切削层" 按钮→将"每刀切削深度"公共设置为"1"，如图 6-70 所示	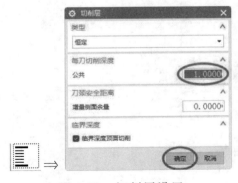 图 6-70 切削层设置

说明	图解
⑥切削参数设置：单击"切削参数" ![按钮] 按钮→单击"余量"项→在"部件余量"输入 0.2；在"最终底面余量"输入 0.2，如图 6-71 所示	 图 6-71　切削参数设置
⑦单击"非切削移动" ![按钮] 按钮→弹出"非切削移动"对话框→单击"进刀"→进刀类型选择"圆弧"→单击"确定"返回至"平面铣-[PLANAR_MILL]"对话框，如图 6-72 所示	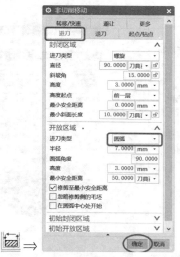 图 6-72　非切削移动参数设置
⑧设定主轴转速：单击"进给率和速度"按钮→在进给率和速度对话框中主轴速度输入"3200"、进给率输入"1000"→单击"确定"→返回至"平面铣-[PLANAR_MILL]"对话框，如图 6-73 所示	 图 6-73　进给率和速度设置

续表

说明	图解
⑨单击"生成"图标→生成粗铣 66×66 矩形外轮廓刀轨,如图 6-74 所示	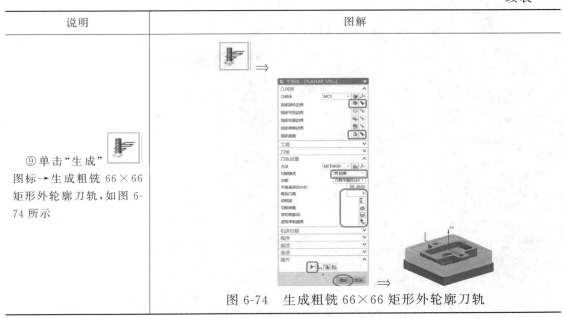 图 6-74　生成粗铣 66×66 矩形外轮廓刀轨

15. 创建精铣 66×66 矩形外轮廓刀轨

创建精铣 66×66 矩形外轮廓刀轨见表 6-17。

表 6-17　创建精铣 66×66 矩形外轮廓刀轨

说明	图解
①复制刀轨:点选"PLA-NAR_MILL"刀轨→按鼠标右键→选择"复制" ②粘贴刀轨:点选"PLA-NAR_MILL"刀轨→按鼠标右键→选择"粘贴"→得到"PLANAR_MILL_COP-Y",如图 6-75 所示 ③鼠标左键双击"PLA-NAR_MILL_COPY"刀轨→弹出"[平面铣_PLANAR_MILL_COPY]"对话框 ④切削参数设置:单击"切削参数"按钮→弹出"切削层"对话框→类型改为"仅底面"→单击"确定",返回至"平面铣-[PLA-NAR_MILL_COPY]"对话框,如图 6-76 所示	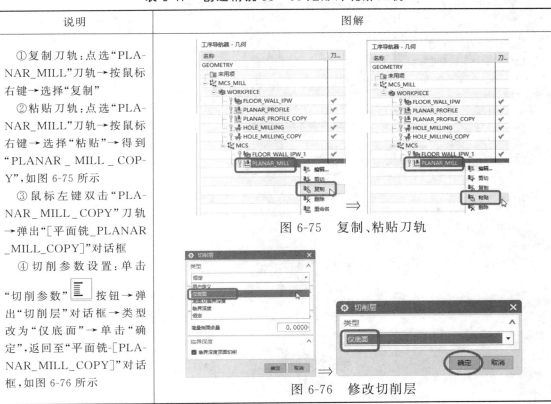 图 6-75　复制、粘贴刀轨 图 6-76　修改切削层

说明	图解
⑤单击"切削参数"  按钮→弹出"切削参数"对话框→单击"余量"项→将"部件余量"设置为 0；将"最终底面余量"设置为 0，如图 6-77 所示	 图 6-77　修改切削参数的切削余量
⑥单击"进给率和速度"  按钮→在进给率和速度对话框中主轴速度输入"3200"，进给率输入"600"→单击"确定"，如图 6-78 所示	 图 6-78　修改进给率和速度
⑦单击"生成"  按钮→生成精铣 66×66 矩形外轮廓刀轨，如图 6-79 所示	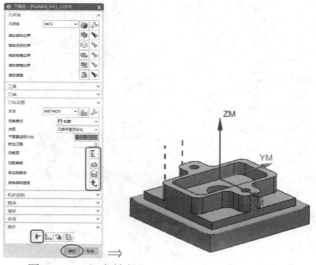 图 6-79　生成精铣 66×66 矩形外轮廓刀轨

16. 创建凸台轮廓外形粗加工刀轨

创建凸台轮廓外形粗加工刀轨，见表 6-18。

表 6-18　创建凸台轮廓外形粗加工刀轨

说明	图解
①创建平面铣：在导航器工具条上单击"创建工序" 按钮→在弹出的"创建工序"对话框中类型选择"mill_planar"、工序子类型选择"带IPW的底壁加工"、位置参数的程序选择"PROGRAM"、刀具选择"T2D8"、几何体选择"WCS"；名称默认为"FLOOR_WALL_IPW_2"→单击"确定"→弹出"底壁加工IPW-[FLOOR_WALL_IPW_2]"对话框，如图6-80所示 ②在"底壁加工IPW-[FLOOR_WALL_IPW_2]"对话框中单击"指定切削区底面" 按钮→选择上平面→单击"确定"→单击"确定"→返回至"底壁加工IPW-[FLOOR_WALL_IPW_2]"对话框，如图6-81所示 ③在"底壁加工IPW-[FLOOR_WALL_IPW_2]"对话框中的"切削模式"选择"往复"→"每刀切削深度"设为0.5 ④在"底壁加工IPW-[FLOOR_WALL_IPW_2]"对话框中的"切削模式"选择"跟随部件" **跟随部件** ；→每刀切削深度0.5 ⑤单击"切削参数" 按钮→在弹出的"切削参数"对话框中的"壁余量"输入"0.2"；"最终底面余量"输入"0.2"→单击"确定"→返回至"底壁加工IPW-[FLOOR_WALL_IPW_2]"对话框，如图6-82所示	 图 6-80　创建凸台轮廓外形粗铣刀轨 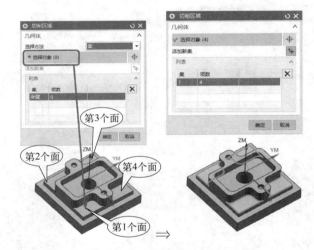 图 6-81　指定切削区底面 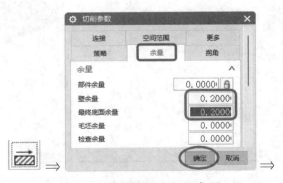 图 6-82　设置壁、底面余量

说明	图解
⑥单击"进给率和速度"![按钮] 按钮→在进给率和速度对话框中主轴速度输入"3800"、进给率输入"1000"→单击"确定"→返回至"底壁加工 IPW-［FLOOR _ WALL _ IPW_2］"对话框，如图 6-83 所示	 ⇒ 

图 6-83　设置进给率和速度

⑦单击"生成"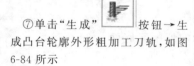按钮→生成凸台轮廓外形粗加工刀轨，如图6-84 所示

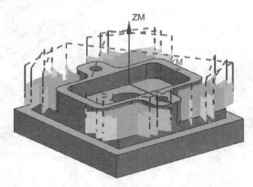

图 6-84　生成凸台轮廓外形粗加工刀轨

17. 创建凸台轮廓外形精加工刀轨

创建凸台轮廓外形精加工刀轨，见表 6-19。

表 6-19　创建凸台轮廓外形精加工刀轨

说明	图解
① 复 制 刀 轨：点 选 "FLOOR_WALL_IPW_2" 刀轨→按鼠标右键→选择 "复制" ② 粘 贴 刀 轨：点 选 "FLOOR_WALL_IPW_2" 刀轨→按鼠标右键→选择 "粘贴"→"FLOOR_WALL_ IPW_2_COPY"，如图 6-85 所示	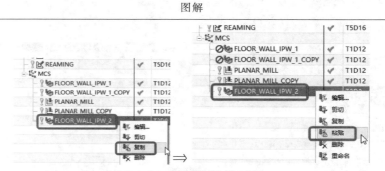 图 6-85　复制、粘贴刀轨
③ 鼠 标 左 键 双 击 "FLOOR_WALL_IPW_2_ COPY"刀轨→弹出"底壁加 工 IPW-[FLOOR_WALL_ IPW_2_COPY]"对话框→ "每刀切削深度"改为"0"， 如图 6-86 所示	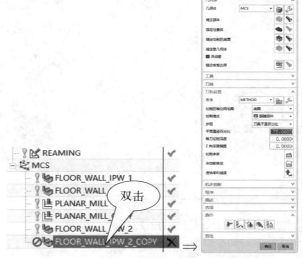 图 6-86　修改每刀切削深度
④单击"切削参数" 按钮→弹出"切削参数"对 话框→单击"余量"项→将 "部件余量"改为 0；将"最终 底面余量"改为 0，如图 6-87 所示	 图 6-87　修改切削参数的切削余量

续表

说明	图解
⑤单击"进给率和速度"按钮→在进给率和速度对话框中主轴速度输入"3200"、进给率输入"600"→单击"确定"→返回至"底壁加工 IPW-[FLOOR_WALL_IPW_2_COPY]"对话框,如图 6-88 所示	 图 6-88　修改进给率和速度
⑥单击"生成"按钮→生成凸台轮廓外形精加工刀轨,如图 6-89 所示	 图 6-89　创建凸台廓外形精加工刀轨

18. 创建 30×56 槽粗加工刀轨

创建 30×56 槽粗加工刀轨,见表 6-20。

表 6-20　创建 30×56 槽粗加工刀轨

说明	图解
①创建 30×56 槽粗铣刀轨:在导航器工具条上单击"创建工序"按钮→在弹出的"创建工序"对话框中类型选择"mill_pla-nar"、工序子类型选择"带 IPW 的底壁加工"、位置参数的程序选择"PROGRAM"、刀具选择"T2D8"、几何体选择"WCS";名称默认为"FLOOR_WALL_IPW_3"→单击"确定"→弹出"底壁加工 IPW-[FLOOR_WALL_IPW_3]"对话框,如图 6-90 所示	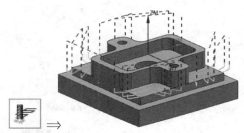 图 6-90　创建 30×56 槽粗铣刀轨

续表

说明	图解
②在"底壁加工 IPW-[FLOOR_WALL_IPW_3]"对话框中单击"指定切削区底面" 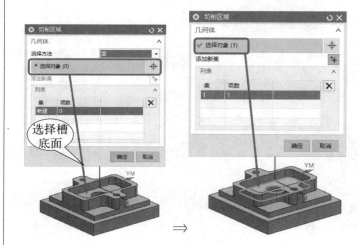 按钮→选择上平面→单击"确定"→"确定"返回至"底壁加工 IPW-[FLOOR_WALL_IPW_3]"对话框,如图6-91所示 ③在"底壁加工 IPW-[FLOOR_WALL_IPW_3]"对话框中的"切削模式"选择"往复"→"每刀切削深度"设为0.5 ④在"底壁加工 IPW-[FLOOR_WALL_IPW_3]"对话框中的"切削模式"选择"跟随周边" 跟随周边 ;→每刀切削深度0.5 ⑤单击"切削参数" 按钮→在弹出的"切削参数"对话框中的"壁余量"改为0.2mm;"最终底面余量"改为0.2mm→单击"确定"返回至"底壁加工 IPW-[FLOOR_WALL_IPW_3]"对话框,如图6-92所示 ⑥单击"非切削移动" 按钮→将弹出的"非切削移动"对话框中的"斜坡角"改为5;→单击"确定"→返回至"底壁加工 IPW-[FLOOR_WALL_IPW_3]"对话框,如图6-93所示	选择槽底面 图6-91　指定切削区底面  图6-92　设置壁、底面余量 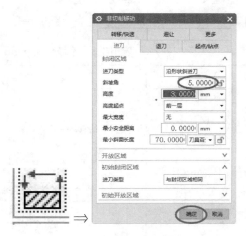 图6-93　非切削移动

续表

说明	图解
⑦单击"进给率和速度" 按钮→在进给率和速度对话框中主轴速度输入"3800"、进给率输入"1000"→单击"确定"→返回至"底壁加工 IPW-[FLOOR_WALL_IPW_3]"对话框,如图 6-94 所示	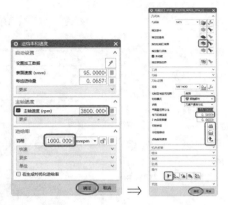 图 6-94 设置进给率和速度
⑧单击"生成" 按钮→生成 30×56 槽粗加工刀轨,如图 6-95 所示	图 6-95 30×56 槽粗加工刀轨

19. 创建 30×56 槽精加工刀轨

创建 30×56 槽精加工刀轨,见表 6-21。

表 6-21 创建 30×56 槽精加工刀轨

说明	图解
① 复制刀轨:点选"[FLOOR_WALL_IPW_3]"刀轨→按鼠标右键→选择"复制" ② 粘贴刀轨:点选"[FLOOR_WALL_IPW_3]"刀轨→按鼠标右键→选择"粘贴"→"FLOOR_WALL_IPW_3_COPY",如图 6-96 所示	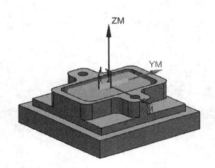 图 6-96 复制、粘贴刀轨

续表

说明	图解
③ 鼠标左键双击"FLOOR_WALL_IPW_3_COPY"刀轨→弹出"底壁加工 IPW-[FLOOR_WALL_IPW_3_COPY]"对话框→"每刀切削深度"改为"0" ④单击"切削参数"按钮→弹出"切削参数"对话框→单击"余量"项→在"部件余量"改为：0mm；在"最终底面余量"改为：0mm，如图 6-97 所示	 图 6-97　修改切削参数的切削余量
⑤ 单击"进给率和速度"按钮→在进给率和速度对话框中主轴速度输入"3800"、进给率输入"600"→单击"确定"，如图 6-98 所示	 图 6-98　进给率和速度设置
⑥ 单击"生成"按钮→生成 30×56 槽精加工刀轨，如图 6-99 所示	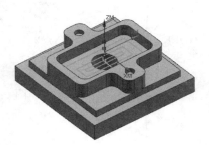 图 6-99　生成 30×56 槽精加工刀轨

20. 创建铣 $\phi6$ 孔刀轨

创建铣 $\phi6$ 孔刀轨，见表 6-22。

表 6-22　创建铣 $\phi6$ 孔刀轨

说明	图解
①创建平面轮廓铣：在导航器工具条上单击"创建工序"  按钮→在弹出的"创建工序"对话框中类型选择"mill_planar"、工序子类型选择"HOLE_MILLING"孔铣、位置参数的程序选择"PROGRAM"、刀具选择"T6D4"、几何体选择"WORKPIECE"；名称默认"HOLE_MILLING_1"→单击"确定"按钮→弹出"孔铣-[HOLE_MILLING_1]"对话框，如图 6-100 所示 ②指定特征几何体：在弹出的"孔铣-[HOLE_MILLING_1]"对话框中单击"指定特征几何体"  按钮→弹出特征几何体→在特征"选择对象"选择 2 个 $\phi6$ 孔→单击"确定"返回至"孔铣-[HOLE_MILLING_1]"对话框，如图 6-101 所示 ③将"孔铣-[HOLE_MILLING_1]"对话框中"螺距"改为 0.25	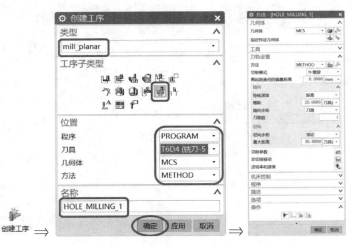 图 6-100　创建铣 $\phi6$ 孔刀轨  图 6-101　指定特征几何体

续表

说明	图解

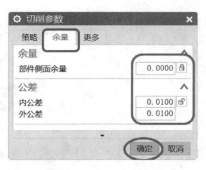

图 6-102　切削参数

④单击"切削参数" 按钮→在弹出的"切削参数"对话框中的"部件侧面余量"输入"0"→单击"确定"按钮→返回至"孔铣-[HOLE_MILLING_1]"对话框,如图 6-102 所示

⑤单击"进给率和速度" 按钮→在进给率和速度对话框中主轴速度输入"4200"、进给率输入"1000"→单击"确定"→返回至"孔铣-[HOLE_MILLING_1]"对话框,如图 6-103 所示

⑥单击"生成" 按钮→生成铣 $\phi6$ 孔刀轨,如图 6-103 所示

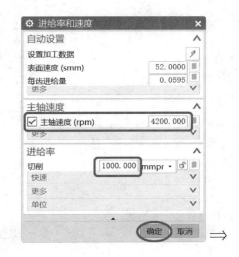

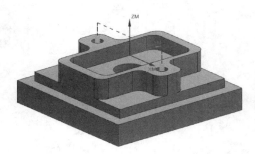

图 6-103　生成铣 $\phi6$ 孔刀轨

21. 仿真确认刀轨

仿真确认刀轨见表 6-23。

22. 后处理生成加工程序

后处理生成加工程序见表 6-24。

表 6-23　仿真确认刀轨

说明	图解
在"导航器"工具条中单击"程序顺序视图" **程序顺序视图** 按钮→在"导航器"单击"PROGRAM"→按鼠标右键→选择"刀轨"→选择"确认"→弹出"刀轨可视化"对话框→选择"2D 动态"或"3D 动态"→单击"播放" ▶ 按钮，如图 6-104 所示	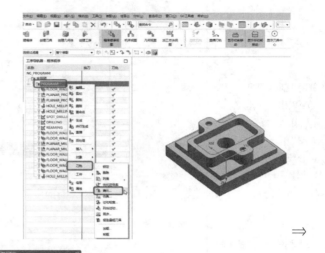 ⇒  ⇒ 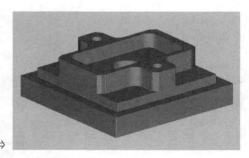 图 6-104　仿真确认刀轨

表 6-24　后处理生成加工程序

说明	图解
选择要后处理生成加工程序的刀轨：如"FLOOR_WALL_IPW"→按鼠标右键→选择"后处理"→弹出"后处理"对话框→根据数铣系统选择后处理器如：mypost（注：如没有事前安装有相应机床系统的处理器则单击"浏览查找后处理器"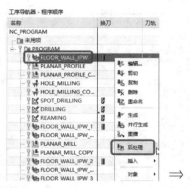按钮→打开后处理文件：如 G:\数控铣削编程与加工\mypost→选择输出文件存放的文件夹和程序名称；如 G:/NC/O1234，如图 6-105 所示	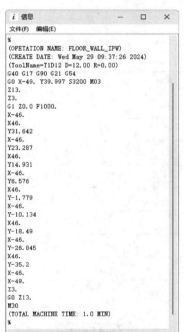

图 6-105　后处理生成加工程序

【评价与反馈】

一、自我评价

学习任务名称：

评价项目	是	否
1. 能否分析出零件的正确形体		
2. 前置作业是否全部完成		
3. 是否完成了小组分配的任务		
4. 是否认为自己在小组中不可或缺		
5. 是否严格遵守了课堂纪律		
6. 在本次学习任务的学习过程中,是否主动帮助同学		
7. 对自己的表现是否满意		

二、小组评价

序号	评价项目	评价（1～10分）
1	具有团队合作意识,注重沟通	
2	能自主学习及相互协作,尊重他人	
3	学习态度积极主动,能参加安排的活动	
4	服从教师的教学安排,遵守学习场所管理规定,遵守纪律	
5	能正确地领会他人提出的学习问题	
6	工作岗位的责任心	
7	能正确对待肯定和否定的意见	
8	团队学习中主动参与合作的情况如何	

评价人： 年 月 日

三、教师评价

序号	项目	教师评价			
		优	良	中	差
1	按时上、下课				
2	着装符合要求				
3	遵守课堂纪律				
4	学习的主动性和独立性				

续表

序号	项目	教师评价			
		优	良	中	差
5	工具、仪器使用规范				
6	主动参与工作现场的 8S 工作				
7	工作页填写完整				
8	与小组成员积极沟通并协助其他成员共同完成学习任务				
9	会快速查阅各种手册等资料				
10	教师综合评价				

项目七
鼠标凸模零件铣削

知识目标

1. 掌握 NX 10 数控铣削加工方法、基本操作步骤、铣削参数的设置及应用；

2. 熟练掌握型腔铣零件加工编程的方法和步骤；

3. 掌握后处理生成程序应用到实际机床的加工方法和步骤。

能力目标

1. 学会设置型腔加工环境；

2. 具备 NX 10 型腔铣削基本操作能力；

3. 具备 NX 10 型腔铣零件编程和仿真加工能力；

4. 具备应用后处理程序进行机床加工的能力。

【任务描述】

铣削鼠标凸模零件尺寸如图 7-1 所示，毛坯尺寸为 122mm×82mm× 44mm，材料为 45 钢。

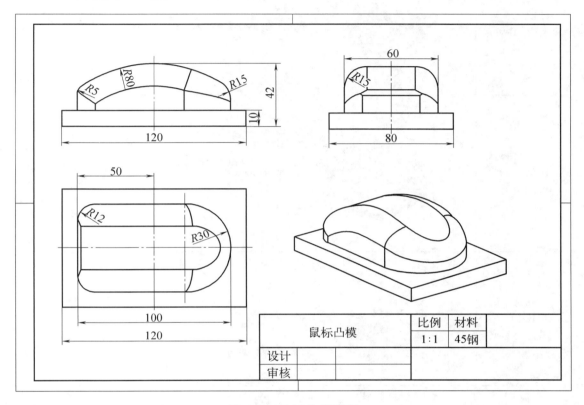

图 7-1　鼠标凸模零件

【知识链接】

NX 10 加工模块常用的操作子类型说明见表 7-1。

表 7-1　NX 10 加工模块常用的操作子类型

操作子类型	图解	加工范围
平面铣 （PLANAR_ MILL）	平面铣 移除垂直于固定刀轴的平面切削层中的材料。 定义平行于底面的部件边界。部件边界确定关键切削层。选择毛坯边界。选择底面来定义底部切削层。 建议用于粗加工带竖直壁的棱柱部件上的大量材料。	适用于加工阶梯平面区域，使用的刀具多为平底刀

续表

操作子类型	图解	加工范围
底壁加工 （FLOOR_ WALL_IPW）	带 IPW 的底壁加工 使用 IPW 切削底面和壁 选择底面和/或壁几何体。要移除的材料由所选几何体和 IPW 确定。 建议用于通过 IPW 跟踪未切削材料时铣削 2.5D 棱柱部件。	适用于平面区域加工，使用的刀具多为平底刀
平面轮廓铣 （PLANAR_ PROFILE）	平面轮廓铣 使用"轮廓"切削模式来生成单刀路和沿部件边界描绘轮廓的多层平面刀路。 定义平行于底面的部件边界。选择底面以定义底部切削层。可以使用带跟踪点的用户定义铣刀。	适用于平面轮廓加工，使用的刀具多为平底刀
孔铣 （HOLE_ MILLING）	孔铣 使用螺旋式和/或螺旋切削模式来加工盲孔和通孔或凸台。	适用于用铣刀加工圆孔或圆凸台
平面文本 （PLANAR_ TEXT）	平面文本 平的面上的机床文本。 将制图文本选做几何体来定义刀路。选择底面来定义要加工的面。编辑文本深度来确定切削的深度。文本将投影到沿固定刀轴的面上。 建议用于加工简单文本，如标识号。	适用于在平面上加工制图文本字体
型腔铣 （CAVITY_ MILL）	型腔铣 通过移除垂直于固定刀轴的平面切削层中的材料对轮廓形状进行粗加工。 必须定义部件和毛坯几何体。 建议用于移除模具型腔与型芯、凹模、铸造件和锻造件上的大量材料。	适用于毛坯的开粗和二次开粗加工，使用的刀具多为圆鼻刀或平底刀

操作子类型	图解	加工范围
固定轮廓铣（FIXED_CONTOUR）	**固定轮廓铣** 用于对具有各种驱动方法、空间范围和切削模式的部件或切削区域进行轮廓铣的基础固定轴曲面轮廓铣工序。 根据需要指定部件几何体和切削区域。选择并编辑驱动方法来指定驱动几何体和切削模式。 建议通常用于精加工轮廓形状。	适用于模具轮廓曲面的精加工
区域轮廓铣（CONTOUR_AREA）	**区域轮廓铣** 使用区域切削驱动方法来加工切削区域中面的固定轴曲面轮廓铣工序。 指定部件几何体。选择面以指定切削区域。编辑驱动方法以指定切削模式。 建议用于精加工特定区域。	适用于模具中平缓区域的半精加工和精加工，使用的刀具多为球刀
轮廓文本（CONTOUR_TEXT）	**轮廓文本** 轮廓曲面上的机床文本。 指定部件几何体。选择制作图文本作为定义刀路的几何体。编辑文本深度来确定切削深度。将文本投影到沿固定刀轴的部件上。 建议用于加工简单文本，如标识号。 1234	适用于在轮廓曲面上加工制图文本字体

【任务实施】

型腔铣在数控加工中应用得最为广泛，用于大部分开粗，它是在每一个切削层上根据毛坯平面和零件几何体的交线来生成切削范围的，型腔铣也可用于平面的精加工以及清角加工等，其特点在于它可以切削大部分的毛坯材料，几乎适用于任何形状的几何体。

一、工艺分析

鼠标凸模零件铣削步骤见表 7-2。

表 7-2　鼠标凸模零件铣削步骤　　　　　　　　　单位：mm

步骤	内容	选用刀具	加工方法	加工余量
1	粗铣底平面	T1D20（钛合金刀）	底壁加工 IPW-[FLOOR_WALL_IPW]	0.2
2	粗铣底平面 120×80 轮廓	T1D20（钛合金刀）	平面轮廓铣-[PLANAR_PROFILE]	0.2

续表

步骤	内容	选用刀具	加工方法	加工余量
3	精铣底平面	T2D12（钛合金刀）	底壁加工 IPW-[FLOOR_WALL_IPW]	0
4	精铣底平面 120×80 轮廓	T2D12（钛合金刀）	平面轮廓铣-[PLANAR_PROFILE]	0
5	粗铣鼠标曲面	T1D20（钛合金刀）	型腔铣-[CAVITY_MILL]	0.3
6	半精铣鼠标外形	T2D12（钛合金刀）	平面铣-[PLANAR_PROFILE]	0.1
7	精铣鼠标外形	T2D12（钛合金刀）	平面铣-[PLANAR_PROFILE]	0
8	半精铣鼠标曲面	T3B8（钛合金刀）	固定轮廓铣-[FIXED_CONTOUR]	0.1
9	精铣鼠标曲面	T3B8（钛合金刀）	固定轮廓铣-[FIXED_CONTOUR]	0

二、建模

鼠标凸模零件建模步骤见表 7-3。

表 7-3　鼠标凸模零件建模步骤

说明	图解
①打开 NX 10 软件，图层改为 21 层，单击直接草图按钮，选择 XOY 为构图面，进入草图环境，如图 7-2 所示	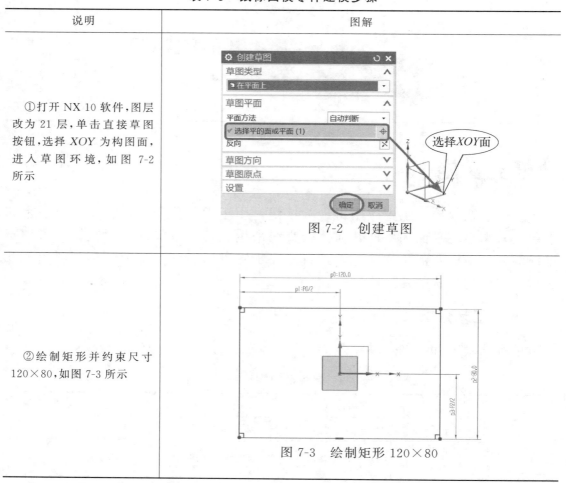 图 7-2　创建草图
②绘制矩形并约束尺寸 120×80，如图 7-3 所示	图 7-3　绘制矩形 120×80

说明	图解
③绘制鼠标外形轮廓并约束尺寸 100、R30、倒圆角 R12，约束 R30 圆弧圆心在 X 轴上，如图 7-4 所示	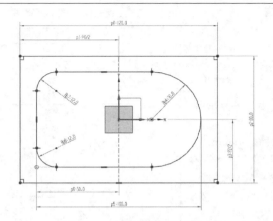 图 7-4　绘制鼠标外形轮廓
④单击"完成草图" ![完成草图] 按钮→关闭 21 图层，把图层改为 22 作为当前图层→单击"直接草图" 按钮或单击"在草图环境中绘制草图" 按钮→选择 XOZ 为构图面→"确定"→进入草图环境，如图 7-5 所示	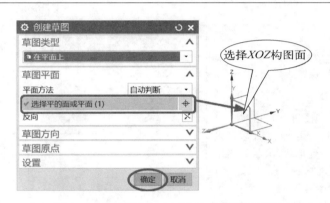 图 7-5　图层设为 22 层进入草图环境
⑤绘制圆弧并约束尺寸 R80、110、42，约束 R80 圆心点在 Z 轴上，如图 7-6 所示→单击"完成草图" ![完成草图] 按钮→退出"草图环境"	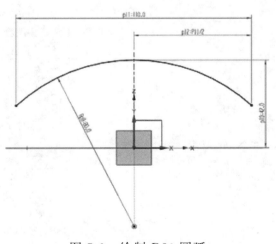 图 7-6　绘制 R80 圆弧

说明	图解
⑥图层改为 41 层→单击"拉伸" 按钮→弹出"拉伸"对话框→"限制"选择"对称值";距离:45mm;"体类型"选择"片体"→选择 $R80$ 圆弧→单击"确定"创建曲面,如图 7-7 所示	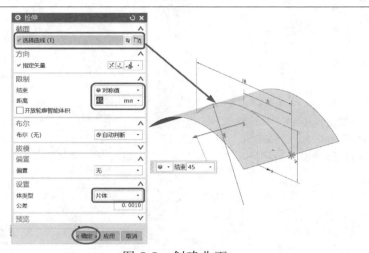 图 7-7　创建曲面
⑦图层改为 1 层,关闭 22 层,打开 21 图层→单击"拉伸" 按钮→弹出"拉伸"对话框→拉伸截面选择鼠标轮廓外形线;限制距离结束方式选择"直至选定";"选择对象"选择曲面;布尔选择"无";体类型:实体→单击"应用",如图 7-8 所示	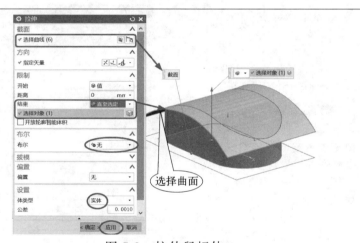 图 7-8　拉伸鼠标体
⑧关闭图层 41 层→在"拉伸"对话框界面→拉伸截面选择 120×80 矩形线→单击"确定",如图 7-9 所示	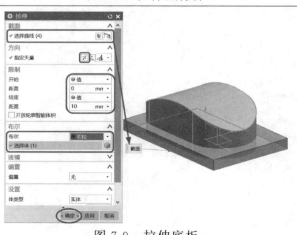 图 7-9　拉伸底板

说明	图解
⑨关闭 21、61 图层（可根据自己喜好改变实体显示颜色）→单击"边倒圆"  按钮→倒圆角 $R15$、$R5$，结果如图 7-10 所示	

图 7-10 边倒圆

三、铣削鼠标凸模零件编程加工

1. 进入平面铣加工环境

进入平面铣加工环境，见表 7-4。

表 7-4　进入平面铣加工环境

说明	图解
单击"标准"工具条中的"启动" **启动** →"加工"命令即可进入"加工环境"→对话框。选择要创建的 CAM 设置为"mill_planar"选项后，单击"确定"按钮，即可进入加工环境界面，如图 7-11 所示	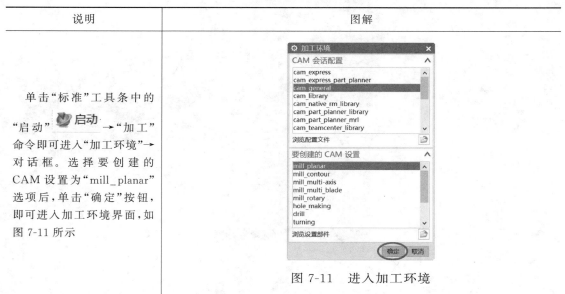 图 7-11　进入加工环境

2. 建立加工编程坐标系、创建几何体

建立加工编程坐标系、创建几何体，见表 7-5。

表 7-5　建立加工编程坐标系、创建几何体

步骤	说明	图解
（1）建立加工编程坐标系	在导航器工具条上单击"几何视图" **几何视图** 按钮，在工序导航器上单击"+"，双击"MCS_MILL"图标→在弹出的"MCS 铣削"对话框中单击"CSYS" 对话框按钮→在"CSYS"对	工序导航器 - 几何 名称 GEOMETRY 未用项 MCS_MILL ⇒ GEOMETRY 未用项 双击 MCS_MILL WORKPIECE ⇒

步骤	说明	图解
（1） 建立加 工编程 坐标系	话框中的类型选择"动态"，并调整 X、Y、Z 轴方向→单击"确定"→单击"确定"，如图 7-12 所示	 图 7-12　建立加工编程坐标系
（2） 创建部件 与毛坯	①在"工件导航器-几何"中双击"WORKPIECE"图标→在弹出的"工件"对话框中单击"选择或编辑部件几何体 📦"→选择工件，如图 7-13 所示指定"部件几何体"	图 7-13　指定"部件几何体"

续表

步骤	说明	图解
（2）创建部件与毛坯	②单击"选择或编辑毛坯几何体"图标→如图7-14所示设置指定毛坯几何体→单击"确定"→单击"确定"，完成部件与毛坯创建	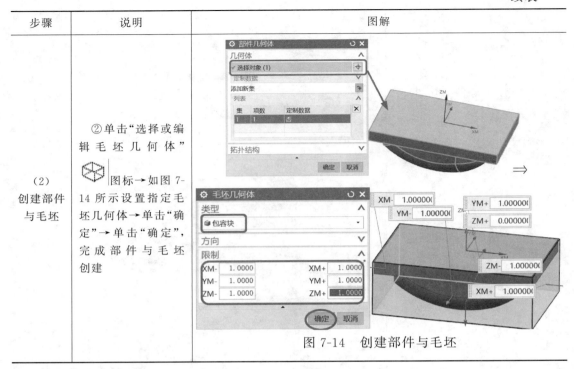 图 7-14　创建部件与毛坯

3. 创建刀具

创建刀具，见表 7-6。

表 7-6　创建刀具

步骤	说明	图解
创建 $\phi12$、$\phi20$ 平刀；$\phi6$ 钻头	①在导航器工具条上单击"几何视图"机床视图按钮→单击"创建刀具"创建刀具按钮→在弹出的对话框中的类型选择平面加工"mill_planar"→在名称处输入"T1D20"→刀具子类型选择铣刀"Mill"→单击"应用"→在弹出的"铣刀-5 参数"对话框中修改刀具参数：直径"20"、刀刃"4"、刀具号"1"、补偿号"1"→单击"确定"，如图 7-15 所示→返回到创建刀具界面	图 7-15　创建 T1D20 平刀

续表

步骤	说明	图解
创建φ12、 φ20平刀； φ6 钻头	②在刀具名称中输入"T2D12"→单击"应用"→弹出"铣刀-5参数"对话框，修改刀具参数：直径"12"、刀刃"4"、刀具号"2"、补偿号"2"→单击"确定"，如图7-16所示→返回到创建刀具界面	 图 7-16　创建 T2D12 平刀
	③在"刀具子类型"选择铣刀"BALL_Mill"刀具名称中输入"T3B8"→单击"应用"→弹出"铣刀-球头铣"对话框，修改刀具参数：直径"8"、刀刃"2"、刀具号"3"、补偿号"3"→单击"确定"，如图7-17所示	图 7-17　创建 T3B8 球头刀

4. 粗铣底平面

粗铣底平面见表 7-7。

表 7-7　粗铣底平面

说明	图解
①在导航器工具条上单击"程序顺序视图" 图 按钮→单击"创建工序" 按钮→在弹出的"创建工序"对话框中类型选择"mill_planar"、工序子类型选择"底壁加工"、位置参数的程序选择"PROGRAM"、刀具选择"T1D20"、几何体选择"WORKPIECE"；名称默认"FLOOR_WALL_IPW"→单击"确定"→弹出"底壁加工 IPW-[FLOOR_WALL_IPW]"对话框,如图7-18所示 ②在"底壁加工 IPW-[FLOOR_WALL_IPW]"对话框中单击"指定切削区域" 按钮→选择底平面→单击"确定"→单击"确定",如图7-19所示	 图 7-18　创建底壁加工对话框 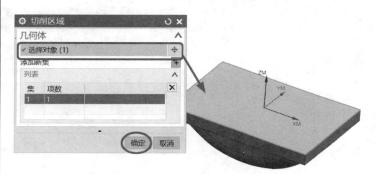 图 7-19　指定切削区域
③"底壁加工 IPW-[FLOOR_WALL_IPW]"对话框中的"切削模式"选择"往复"；"每刀切削深度":0.3 ④单击"切削参数" 按钮→弹出"切削参数"对话框→"最终底面余量"设为0.2,如图7-20所示	 图 7-20　切削参数设置切削余量

续表

说明	图解
⑤单击"进给率和速度"按钮→在进给率和速度对话框中主轴速度输入"1800"、进给率输入"2000"→单击"确定",如图7-21所示	 图 7-21　进给率和速度
⑥单击"生成" 按钮→生成粗铣底平面刀轨,如图7-22所示	图 7-22　生成粗铣底平面刀轨

5. 创建粗铣底平面 120×80 轮廓刀轨

创建粗铣底平面 120×80 轮廓刀轨,见表 7-8。

表 7-8　创建粗铣底平面 120×80 轮廓刀轨

说明	图解
①粗铣轮廓外形:在导航器工具条上单击"创建工序" **创建工序** 按钮→在弹出的"创建工序"对话框中类型选择"mill_planar"、工序子类型选择"平面加工"、位置参数的程序选择"PROGRAM"、刀具选择"T1D20"、几何体选择"WORK-PIECE";名称默认平面轮廓铣"PLANAR_PROFILE"→单击"确定"→弹出"平面轮廓铣-[PLANAR_PROFILE]",如图7-23所示	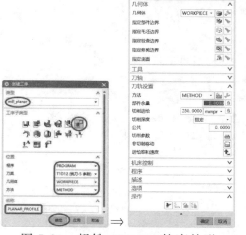 图 7-23　粗铣 120×80 轮廓外形

说明	图解

②创建平面轮廓铣边界：在平面轮廓铣对话框中单击"指定边界" 按钮→在"边界几何体"对话框中的"模式"选择"曲线/边"→在"创建边界"对话框中点选"成链"对话框中单击"链接"按钮→分别选择两条首尾相接的两条边线→单击"确定"按钮→单击"确定"按钮→单击"确定"按钮→返回到平面轮廓铣对话框，如图7-24所示

图 7-24　创建外形加工边界

③指定底面：单击"指定底面" 按钮→在弹出的"刨"对话框中选择图7-25所示底面→在偏置距离中输入"－25"（此值根据实际装夹确定）→单击"确定"→完成指定底面

④切削深度设置：切削深度选择"恒定"→在"公共"处输入"0.3"→"确定"

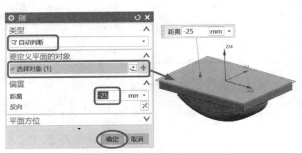

图 7-25　指定底面

⑤切削参数设置：单击"切削参数" 按钮→单击"余量"项→在"部件余量"输入：0.2→单击"确定"，如图7-26所示

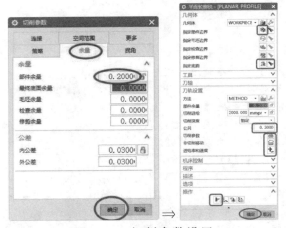

图 7-26　切削参数设置

续表

说明	图解
⑥设定主轴转速：单击"进给率和速度" 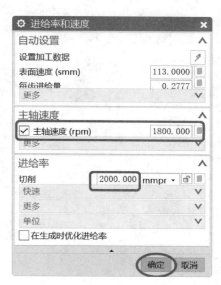按钮→在进给率和速度对话框中主轴速度输入"1800"、进给率输入"2000"→单击"确定"→返回至"平面轮廓铣-［PLANAR_PROFILE］"对话框，如图 7-27 所示	图 7-27　进给率和速度设置
⑦单击"生成"按钮→生成粗铣底平面 120×80 轮廓刀轨，如图 7-28 所示	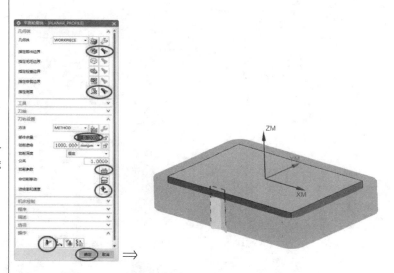 图 7-28　生成粗铣底平面 120×80 轮廓刀轨

6. 创建精铣底平面刀轨

创建精铣底平面刀轨，见表 7-9。

表 7-9　创建精铣底平面刀轨

说明	图解

① 复 制 上 平 面 精 加 工 刀 轨
"FLOOR _ WALL _ IPW"：单击
"FLOOR_WALL_IPW"→按鼠标
右键→选择"复制"，如图 6-29 所示

② 粘贴上平面粗加工刀轨
"FLOOR_WALL_IPW"：单击程序
顺序排在最后的刀轨"PLANAR_
PROFILE"→按鼠标右键→选择
"粘贴"→得到刀轨"FLOOR_
WALL _ IPW _ COPY"，如图 7-29
所示

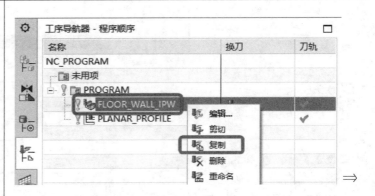

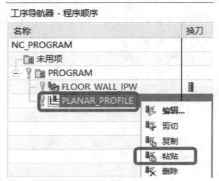

图 7-29　复制、粘贴 FLOOR_WALL_IPW 刀轨

③双击刚粘贴的刀轨"FLOOR_
WALL_IPW_COPY"→弹出"底壁
加工 IPW-[FLOOR_WALL_IPW_
COPY]"对话框→单击"工具"

工具　　　　　　　　　　∧

刀具　　　　T2D12 (铣刀-5 ⏚

项选择刀具为 T2D12，如图 7-30 所示

图 7-30　修改选择 T2D12 刀具

续表

说明	图解
④单击"切削参数"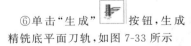按钮→在弹出的"切削参数"对话框中单击"余量"按钮→在"最终底面余量"输入"0"→"每刀切削深度"设置为"0"；→单击"确定"返回，如图7-31所示	 图7-31　设置上平面精加工余量
⑤单击"进给率和速度"按钮→弹出"进给率和速度"对话框→设置主轴转速为3200；进给率切削为600→单击"确定"返回至"底壁加工 IPW-[FLOOR_WALL_IPW_COPY]"对话框，如图7-32所示	 图7-32　设置进给率和速度
⑥单击"生成"按钮，生成精铣底平面刀轨，如图7-33所示	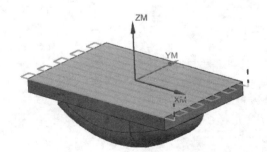 图7-33　生成精铣底平面刀轨

7. 创建精铣底平面 120×80 轮廓刀轨

创建精铣底平面 120×80 轮廓刀轨，见表 7-10。

表 7-10　创建精铣底平面 120×80 轮廓刀轨

说明	图解

①复制粗铣底平面 120×80 轮廓刀轨"PLANAR_PROFILE"：单击刀轨"PLANAR_PROFILE"→按鼠标右键→选择"复制"，如图 7-34 所示

② 粘贴上平面粗加工刀轨"FLOOR_WALL_IPW"：单击精铣底平面刀轨"FLOOR_WALL_IPW_COPY"→按鼠标右键→选择"粘贴"→得到刀轨"PLANAR_PRO-FILE_COPY"，如图 7-34 所示

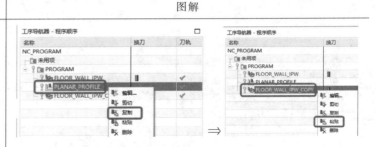

图 7-34　复制、粘贴 FLOOR_WALL_IPW 刀轨

③双击刚粘贴的刀轨"PLANAR_PROFILE_COPY"→弹出"平面轮廓铣-[PLANAR_PROFILE_COP-Y]"对话框 → 单击"工具"选择刀具为 T2D12，如图 7-35 所示

④单击"切削参数"按钮→在弹出的"切削参数"对话框中单击"余量"按钮→在"最终底面余量"输入"0"mm→"每刀切削深度"设置为"0"mm；→单击"确定"返回，如图 7-36 所示

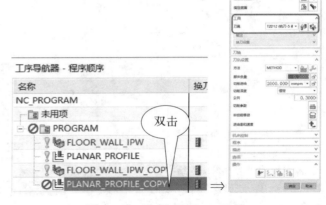

图 7-35　选择 T2D12 刀具

⑤单击"进给率和速度"按钮→弹出"进给率和速度"对话框→设置主轴转速为 3200；进给率切削为 600→单击"确定"返回至"平面轮廓铣-[PLANAR_PRO-FILE_COPY]"对话框→"切削深度"设为仅底面，如图 7-37 所示

图 7-36　设置上
平面精加工余量

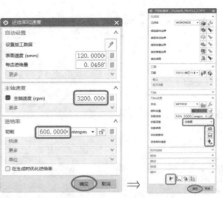

图 7-37　设置进给率和速度

续表

说明	图解
⑥单击"生成" 按钮,生成精铣底平面 120×80 轮廓刀轨,如图 7-38 所示	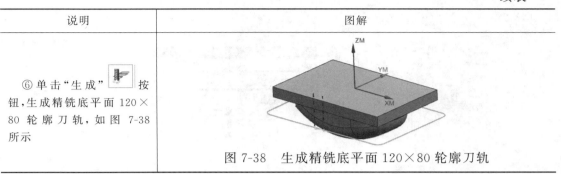 图 7-38 生成精铣底平面 120×80 轮廓刀轨

8. 创建粗铣鼠标曲面刀轨

创建粗铣鼠标曲面刀轨,见表 7-11。

表 7-11 创建粗铣鼠标曲面刀轨

步骤	说明	图解
(1) 创建凸模型腔铣坐标系	在"工具条:导航器"上单击"几何视图" 几何视图 按钮→在"工具条:插入"工具条上单击"创建几何体" 创建几何体 按钮→在弹出的"创建几何体"对话框中的"几何体子类型"选择"MCS";几何体选择"WORKPIECE"→单击"确定"→弹出"MCS"对话框→单击"CSYS" 按钮→弹出"CSYS"对话框→在"类型"项选择"动态"→双击"ZM"坐标箭头改变坐标方向→距离输入"42"mm→单击"确定"→单击"确定",完成凸模型腔铣坐标系创建,如图 7-39 所示	 图 7-39 创建凸模型腔铣坐标系

步骤	说明	图解
（2）创建鼠标凸模型腔粗铣加工刀轨	①在导航器工具条上单击"程序顺序视图" 程序顺序视图 按钮→单击"创建工序" 创建工序 按钮→在弹出的"创建工序"对话框中类型选择"mill _ contour"、工序子类型选择"型腔铣" 、位置参数的程序选择"PROGRAM"、刀具选择"T1D20"、几何体选择"MCS"；名称默认为"CAVITY_MILL"→单击"确定"→弹出"型腔铣-[CAVITY_MILL]"对话框，如图 7-40 所示 ②指定切削区域：在"型腔铣-[CAVITY_MILL]"对话框中单击"指定切削区域" 按钮→选择凸模上表面→单击"确定"→返回至"型腔铣-[CAVITY_MILL]"对话框，如图 7-41 所示 ③指定切削模式：在"型腔铣-[CAVITY_MILL]"对话框中切削模式选择"跟随周边" 跟随周边 ④单击"切削层" 按钮→弹出"切削层"对话框→"范围类型"选择"单个"；最大距离：0.3mm；范围深度：33mm；每刀切削深度：0.3mm→单击"确定"返回，如图 7-42 所示	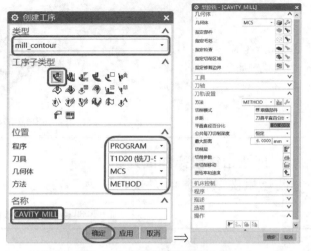 图 7-40 创建型腔铣工序 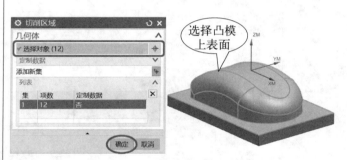 图 7-41 指定切削区域  图 7-42 设置切削层参数

续表

步骤	说明	图解
（2）创建鼠标凸模型腔粗铣加工刀轨	⑤ 单击"切削参数"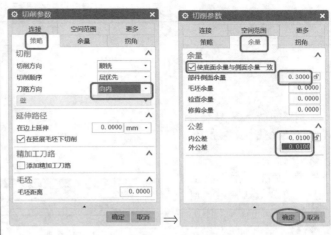按钮→弹出"切削参数"对话框→单击"策略"项→刀轨方向：向内；→单击"余量"项：选择"使底面余量与侧面余量一致"；部件侧面余量：0.3mm；→内、外公差设置为0.01mm→单击"确定"返回，如图7-43所示 ⑥ 单击"进给率和速度"按钮→在进给率和速度对话框中主轴速度输入"1800"，进给率输入"2000"→单击"确定"返回，如图7-44所示 ⑦ 单击"生成"按钮→生成粗铣鼠标曲面刀轨，如图7-45所示	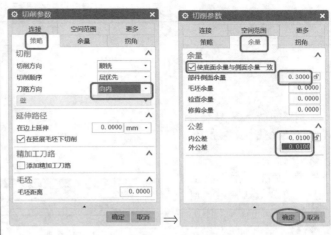 图7-43　切削参数 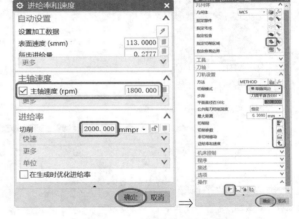 图7-44　进给率和速度 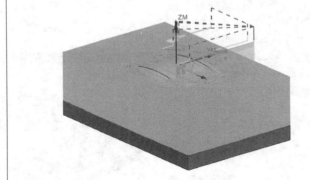 图7-45　生成粗铣鼠标曲面刀轨

9. 创建半精铣鼠标外形刀轨

创建半精铣鼠标外形刀轨，见表 7-12。

表 7-12 创建半精铣鼠标外形刀轨

说明	图解
①创建平面铣：在导航器工具条上单击"创建工序" 按钮 → 在弹出的"创建工序"对话框中类型选择"mill_planar"、工序子类型选择"平面加工"、位置参数的程序选择"PRO-GRAM"、刀具选择"T2D12"、几何体选择"WORKPIECE"；名称默认为"PLANAR_MILL" → 单击"确定" → 弹出"平面铣-[PLANAR_MILL]"对话框，如图 7-46 所示	  图 7-46 创建平面轮廓铣工序
②创建边界：在"平面铣-[PLANAR_MILL]"对话框中单击"指定边界" 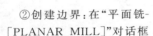 按钮 → 在"边界几何体"对话框中的"模式"选择"曲线/边" → 单击"成链"按钮 → 选择鼠标曲面外形边界 → 单击"确定" → 单击"确定" → 在创建边界对话框中单击"链接" → 单击"确定" → 单击"确定"返回，如图 7-47 所示	    图 7-47 创建边界

续表

说明	图解
③指定底面：单击"指定底面"![按钮]按钮→在弹出的"刨"对话框中选择图7-48所示底面→单击"确定"→完成指定底面	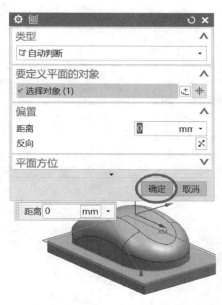 图 7-48　指定底面
④切削模式与附加刀轨设置："切削模式"项中选择"轮廓"；附加刀轨设置为"1"；步距选择平面直径百分比：60 ⑤设置切削层参数：单击"切削层"![按钮]按钮→在"类型"中选择"仅底面"→单击"确定"返回，如图7-49所示	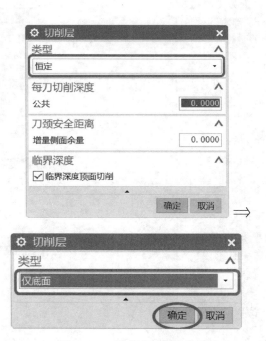 图 7-49　设置切削层参数

说明	图解
⑥设置切削参数：单击"切削参数"   按钮→单击"余量"项→在"部件余量"输入 0.1mm；在"最终底面余量"输入 0.1mm；内、外公差输入 0.01mm；→单击"确定"返回，如图 7-50 所示	 图 7-50　切削参数设置
⑦单击"非切削移动"   按钮→弹出"非切削移动"对话框→"进刀类型"选择圆弧 →单击"确定"返回，如图 7-51 所示	 图 7-51　设置非切削移动
⑧设定主轴转速：单击"进给率和速度"   按钮→在进给率和速度对话框中主轴速度输入"3200"、进给率输入"600"→单击"确定"→返回至"平面铣-[PLANAR_MILL]"，如图 7-52 所示	 图 7-52　进给率和速度设置

续表

说明	图解
⑨单击"生成"按钮→生成半精铣鼠标外形刀轨,如图7-53所示	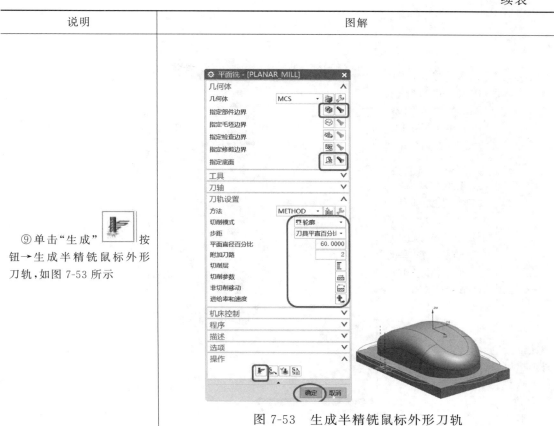图 7-53 生成半精铣鼠标外形刀轨

10. 创建精铣鼠标外形刀轨

创建精铣鼠标外形刀轨,见表7-13。

表 7-13 创建精铣鼠标外形刀轨

步骤	说明	图解
(1) 复制半精铣鼠标外形刀轨	在导航器工具条上单击"程序顺序视图"→单击半精铣鼠标外形刀轨"PLA-NAR_MILL"→按鼠标右键→选择"复制"→再次按鼠标右键→选择"粘贴"→得到刀轨"PLANAR_MILL_COPY",如图7-54所示	图 7-54 复制半精铣鼠标外形刀轨

155

续表

步骤	说明	图解
（2）修改鼠标外形粗加工刀轨参数，创建鼠标外形精加工刀轨	①双击"PLANAR_MILL_COPY"→在弹出的"平面铣-[PLANAR_MILL_COPY]"对话框中单击"切削参数"  ⬚ 按钮→设置部件余量为"0"；最终底面余量："0"→单击"确定"→返回至"平面铣-[PLANAR_MILL_COPY]"，如图 7-55 所示	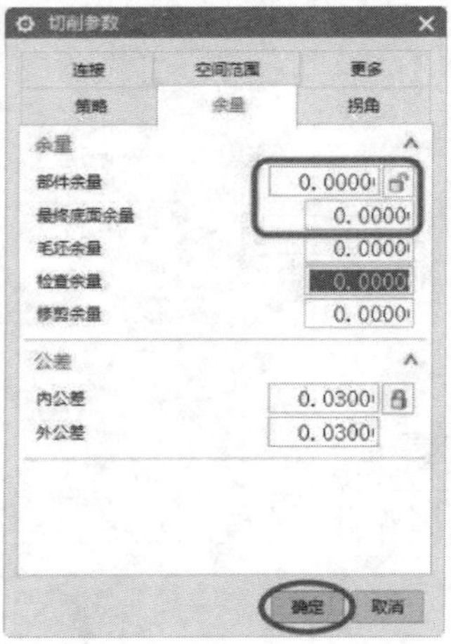 图 7-55　修改切削参数
	②单击"生成"  按钮→生成精铣鼠标外形刀轨，如图 7-56 所示	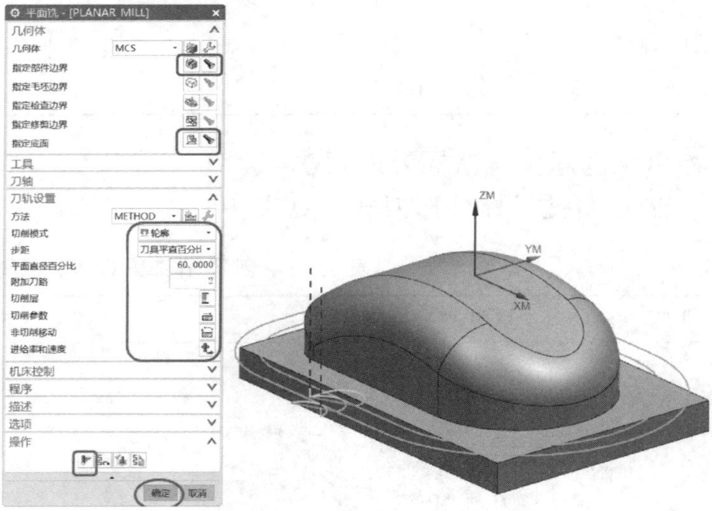 图 7-56　生成精铣鼠标外形刀轨

11. 创建半精铣鼠标曲面刀轨

创建半精铣鼠标曲面刀轨，见表 7-14。

表 7-14　创建半精铣鼠标曲面刀轨

说明	图解
①在导航器工具条上单击"程序顺序视图" 程序顺序视图 按钮→单击"创建工序" 创建工序 按钮→在弹出的"创建工序"对话框中类型选择"mill_contour"、工序子类型选择"固定型腔铣" 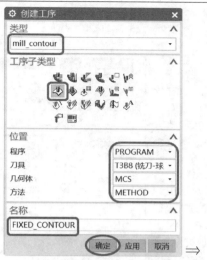、位置参数的程序选择"PROGRAM"、刀具选择"T3B8"、几何体选择"MCS";名称默认为"FIXED_CONTOUR"→单击"确定"→弹出"固定轮廓铣-[FIXED_CONTOUR]"对话框,如图 7-57 所示	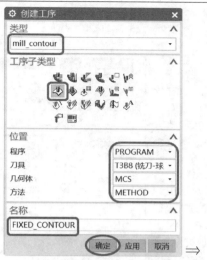 图 7-57　创建型腔铣工序
②指定切削区域:在"固定轮廓铣-[FIXED_CONTOUR]"对话框中单击"指定切削区域" 按钮→选择凸模曲面→单击"确定"→返回至"固定轮廓铣-[FIXED_CONTOUR]"对话框,如图 7-58 所示	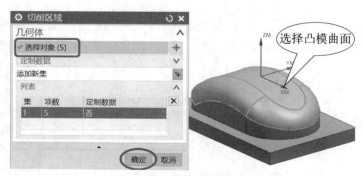 图 7-58　指定切削区域

说明	图解
③设定驱动方法：在"固定轮廓铣-[FIXED_CONTOUR]"对话框中驱动方法选择"区域铣削"→单击"编辑"  按钮→弹出"区域铣削驱动方法"对话框→非陡峭切削模式选择"往复"；切削方向选择：逆铣；步距选择：恒定；最大距离：0.2mm→单击"确定"→返回，如图7-59所示	 图 7-59 设定驱动方法　　　　图 7-60 设置切削参数
④单击"切削参数" 按钮→弹出"切削参数"对话框→单击"余量"项：选择"部件余量"：0.1；内、外公差设置为0.01→单击"确定"返回，如图7-60所示 ⑤单击"进给率和速度" 按钮→在进给率和速度对话框中主轴速度输入"3800"、进给率输入"1000"→单击"确定"返回，如图7-61所示	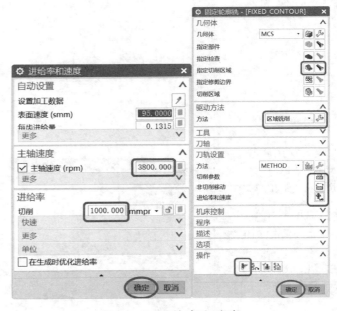 图 7-61 进给率和速度

说明	图解
⑥"固定轮廓铣-[FIXED_CONTOUR]"对话框中单击"生成"按钮→生成半精铣鼠标曲面刀轨,如图 7-62 所示	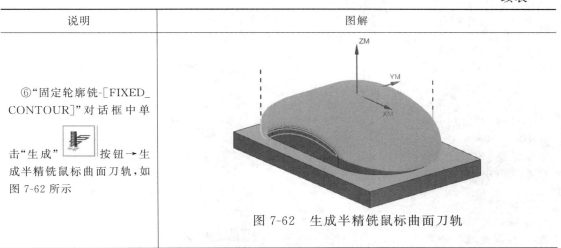 图 7-62　生成半精铣鼠标曲面刀轨

12. 创建精铣鼠标曲面刀轨

创建精铣鼠标曲面刀轨,见表 7-15。

表 7-15　创建精铣鼠标曲面刀轨

说明	图解
①在导航器工具条上单击"程序顺序视图"→单击"固定轮廓铣-[FIXED_CONTOUR]"→按鼠标右键→选择"复制"→再次按鼠标右键→选择"粘贴"→得到刀轨"FIXED_CONTOUR_COPY",如图 7-63 所示	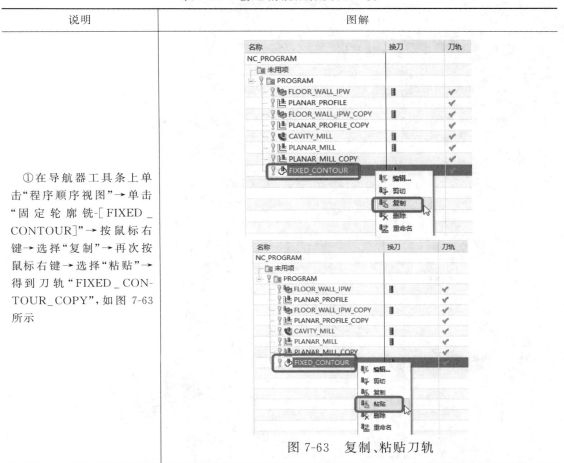 图 7-63　复制、粘贴刀轨

续表

说明	图解

② 双击"FIXED_CON-TOUR_COPY"→弹出"固定轮廓铣-[FIXED_CONTOUR_COPY]"对话框→单击"编辑"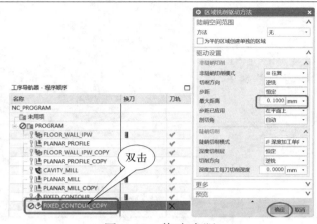按钮→弹出"区域铣削驱动方法"对话框→最大距离修改为0.1mm→单击"确定"返回→,如图7-64所示

图 7-64　修改步距

③ 单击"切削参数"按钮→弹出"切削参数"对话框→单击"余量"项:选择"部件余量"改为0→单击"确定"返回,如图7-65所示

图 7-65　设置切削参数

④"固定轮廓铣-[FIXED_CONTOUR]"对话框中单击"生成"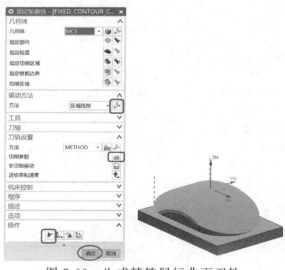按钮→生成精铣鼠标曲面刀轨,如图7-66所示

图 7-66　生成精铣鼠标曲面刀轨

13. 仿真后处理生成加工程序

仿真后处理生成加工程序见表 7-16。

表 7-16　仿真后处理生成加工程序

说明	图解
（1）仿真确认刀轨 "导航器"工具条中单击"程序顺序视图" 程序顺序视图  按钮→在"导航器"单击"PROGRAM"→按鼠标右键→选择"刀轨"→选择"确认"→弹出"刀轨可视化"对话框→选择"2D 动态"或"3D 动态"→单击"播放"  ▶ 按钮，如图 7-67 所示	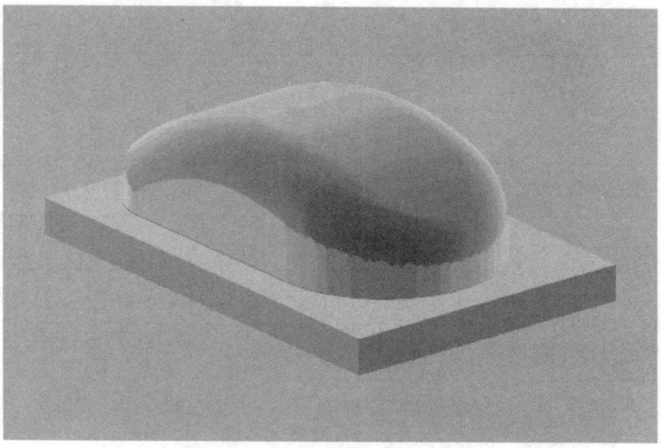 图 7-67　仿真确认刀轨
（2）后处理生成程序 选择要后处理生成加工程序的刀轨：如"FLOOR_WALL_IPW"→按鼠标右键→选择"后处理"→弹出"后处理"对话框→根据数铣系统选择后处理器如：mypost（注：如没有事前安装有相应机床系统的处理器则单击"浏览查找后处理器"  按钮→打开后处理文件：如 G:\数控铣削编程与加工\mypost）→选择输出文件存放的文件夹和程序名称；如 G:\NC\O1234，如图 7-68 所示	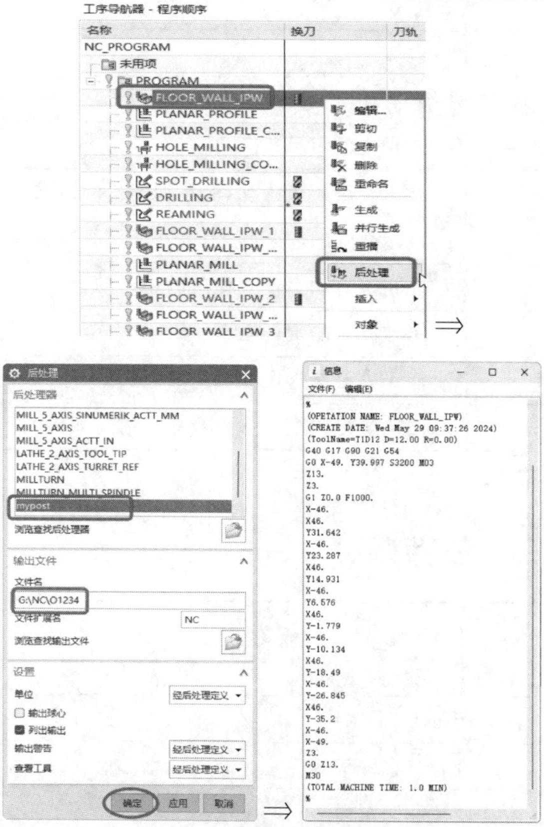 图 7-68　后处理生成加工程序

【评价与反馈】

一、自我评价

学习任务名称：

评价项目	是	否
1. 能否分析出零件的正确形体		
2. 前置作业是否全部完成		
3. 是否完成了小组分配的任务		
4. 是否认为自己在小组中不可或缺		
5. 是否严格遵守了课堂纪律		
6. 在本次学习任务的学习过程中，是否主动帮助同学		
7. 对自己的表现是否满意		

二、小组评价

序号	评价项目	评价（1～10分）
1	具有团队合作意识，注重沟通	
2	能自主学习及相互协作，尊重他人	
3	学习态度积极主动，能参加安排的活动	
4	服从教师的教学安排，遵守学习场所管理规定，遵守纪律	
5	能正确地领会他人提出的学习问题	
6	工作岗位的责任心	
7	能正确对待肯定和否定的意见	
8	团队学习中主动参与合作的情况如何	

评价人：　　　　　　　　　　　　　　　　　　　　　　　年　　月　　日

三、教师评价

序号	项目	教师评价			
		优	良	中	差
1	按时上、下课				
2	着装符合要求				
3	遵守课堂纪律				
4	学习的主动性和独立性				

续表

序号	项目	教师评价			
		优	良	中	差
5	工具、仪器使用规范				
6	主动参与工作现场的 8S 工作				
7	工作页填写完整				
8	与小组成员积极沟通并协助其他成员共同完成学习任务				
9	会快速查阅各种手册等资料				
10	教师综合评价				

【任务拓展】

铣削椭圆槽凸模零件，尺寸如图 7-69 所示，毛坯尺寸：80mm×80mm×30mm，材料为 45 钢。

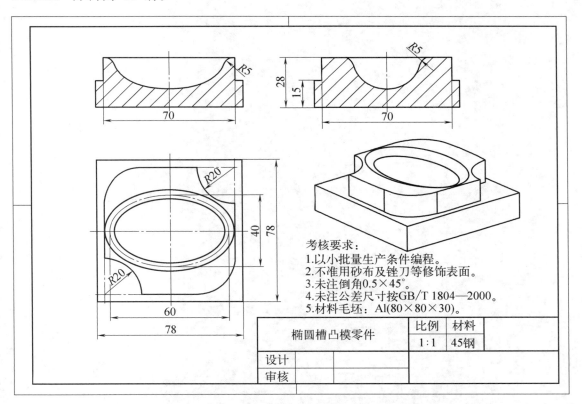

考核要求：
1. 以小批量生产条件编程。
2. 不准用砂布及锉刀等修饰表面。
3. 未注倒角0.5×45°。
4. 未注公差尺寸按GB/T 1804—2000。
5. 材料毛坯：Al(80×80×30)。

椭圆槽凸模零件	比例	材料	
	1:1	45钢	
设计			
审核			

图 7-69　椭圆槽凸模零件